Elizah Kamane
Savitha Debritto

Avaliação do risco ecológico dos rejeitos de minas depositados por DSTP

Elizah Kamane
Savitha Debritto

Avaliação do risco ecológico dos rejeitos de minas depositados por DSTP

ScienciaScripts

Imprint

Cover image: www.ingimage.com

This book is a translation from the original published under ISBN 978-3-659-90137-9.

Publisher:
Sciencia Scripts
is a trademark of
Dodo Books Indian Ocean Ltd. and OmniScriptum S.R.L publishing group

120 High Road, East Finchley, London, N2 9ED, United Kingdom
Str. Armeneasca 28/1, office 1, Chisinau MD-2012, Republic of Moldova, Europe
Managing Directors: Ieva Konstantinova, Victoria Ursu
info@omniscriptum.com

Printed at: see last page
ISBN: 978-620-8-62957-1

ÍNDICE

DEDICAÇÃO

Este trabalho é dedicado à minha mãe, que trabalha muito e é sempre corajosa

Maria Suaire KAMANE

E todas as tribos **Denglaku, Kombri** e **Kengalku** do distrito eleitoral de Niglkande no distrito de Gembogl da província de Simbu, Papua Nova Guiné

AGRADECIMENTOS

É com grande satisfação que estendo minhas palavras de gratidão e sentimentos de apreço às seguintes pessoas e organizações por suas inestimáveis contribuições para este estudo.

- À Sra. Savitha Debritto, minha supervisora, pela assistência necessária para que este estudo fosse bem-sucedido. Agradeço a ela pelo processo administrativo de conseguir que eu me matriculasse novamente e concluísse meus estudos.

- Sr. Steve Opur (MCC), atual funcionário sênior do Departamento Ambiental de Ramu Nico, por fornecer consultoria técnica e informações básicas.

- School of Postgraduate Studies, University of Goroka, por ter concedido a oportunidade para este estudo.

- Agradeço à Ramu Nico (MCC) pela permissão de acesso gratuito às suas verificações de rotina, análise de dados e instalações laboratoriais para a coleta de dados. Agradeço também à equipe do laboratório da empresa pela assistência técnica em instrumentação e análise.

Sou totalmente grato por seu inestimável apoio a este estudo para que ele seja um sucesso. *"Juntos sempre podemos fazer acontecer"*.

RESUMO

O Deep Sea Tailing Placement (DSTP) é um método de descarte de efluentes de rejeitos em grandes profundidades no oceano, usado pela Ramu NiCo (MCC) Limited em sua refinaria de Basamuk. A qualidade do rejeito descarregado no oceano profundo controla a dinâmica da contaminação no ambiente receptor. O objetivo deste estudo foi avaliar a qualidade do rejeito da instalação DSTP em estudo. A concentração de metais pesados, a acidez e a taxa de velocidade do fluxo de descarga (DFV) do efluente do rejeito são parâmetros que foram avaliados quanto à qualidade do rejeito antes da descarga, a fim de determinar o risco ecológico dos resíduos do rejeito no ecossistema marinho local. Todos os resultados foram usados comparativamente em relação aos valores recomendados estipulados sob as respectivas disposições na Licença Ambiental (EP) obtida pela empresa e nas Diretrizes de Qualidade da Água de Papua Nova Guiné (PNGWQG) para água do mar. Os metais foram analisados por meio do Espectrômetro de Massas de Plasma Acoplado Indutivamente, exceto o mercúrio por FIMS e o cromo hexavalente por analisador discreto. Um medidor de pH foi usado para medir sua acidez, enquanto as velocidades de fluxo do fluxo de rejeitos foram lidas a partir de computadores de monitoramento. Os dados da pesquisa indicam que a investigação do pH produziu uma média de 7,9 unidades, que está dentro da faixa de limites seguros de **6,9 a 9,0** unidades, enquanto a média do estudo de DFV é de **1543,8m^3/h**. Em comparação com a faixa recomendada de **1225-2075m3/h**, o fluxo de efluentes de rejeitos está fluindo a uma taxa mais segura que pode produzir a pluma de densidade desejada no terminal da tubulação. As concentrações de todos os metais pesados estavam abaixo dos valores recomendados, indicando que a química do efluente de rejeitos é aceitável para liberação no meio ambiente. Portanto, os riscos ecológicos do rejeito em termos de toxicidade são mínimos. Os efeitos a longo prazo do DSTP no ecossistema local precisam de mais estudos.

Palavras-chave: *DSTP, Qualidade Ecológica, Ecossistema Marinho, Rejeito, Metais Pesados, pH, Velocidade do Fluxo de Descarga.*

NOTAÇÕES/ABREVIAÇÕES

ALS	Australia Laboratory Services
CEPA	Conservation and Environment Protection Authority of Papua New Guinea
DFV	Discharge Flow Velocity
DSTP	Deep Sea Tailing Placement
EP	Environment Permit for Ramu NiCo Management (MCC) Limited
et al	and others
FIMS	Flow Injection Mercury Systems
FIM-AAS	Flow Injection Mercury-Atomic Absorption Spectroscopy/Spectrometer
GB	Chinese Environment Standards
HPAL	High Pressure Acid Leaching
ICP-MS	Inductively Coupled Plasma-Mass Spectroscopy/Spectrometer
ISO	International Standards Organization
LOR	Limit of Retention
NSR	Natural Systems Research Consultants
pH	Power of Hydrogen of measure of acidity
PNG	Papua New Guinea
PNGWQG	Papua New Guinea Water Quality Guidelines
RNML	Ramu NiCo Management (MCC) Limited
SOP	Standard Operating Procedures
STD	Submarine Tailing Disposal
WHO	World Health Organization

Capítulo 1

Introdução

Os materiais que sobram após o processo de separação de metais valiosos do minério são chamados de rejeitos. Eles são uma mistura de água e rocha finamente moída que sobra depois que o concentrado mineral é removido (USGS, 2014; Sahu & Basantray, 2014). Os rejeitos não têm valor econômico específico e são frequentemente descartados no meio ambiente, o que representa uma ameaça ambiental devido à sua escala e à toxicidade de sua composição. O material de rejeito contém uma grande quantidade de metais tóxicos (Vrhovnik *et al.*, 2011), liberados dos corpos de minério ou originados dos produtos químicos de processo usados na refinaria. Os rejeitos geralmente contêm sulfetos, bem como metais como cádmio, cobre, ferro, chumbo, manganês, mercúrio, prata e zinco que ocorrem naturalmente no corpo do minério.

A preocupação ambiental enfrentada por qualquer área de mineração é o descarte dos resíduos produzidos durante a mineração e o refino de minérios (Moore e Luoma, 1990; Lambors, 1994), devido à possibilidade de metais tóxicos entrarem no meio ambiente. Por meio da extração e fabricação de minério em quase todas as minas de metal, grandes quantidades de materiais residuais estão sendo produzidas, armazenadas e despejadas no meio ambiente. Esses resíduos geralmente têm um efeito negativo na área circundante (Vrhovnik *et al.*, 2011). A preocupação do público com relação ao risco e ao possível impacto no meio ambiente é cada vez maior.

Na PNG, são usados três tipos diferentes de métodos de descarga de efluentes de rejeitos: DSTP, barragens fluviais e de rejeitos. O DSTP é usado atualmente pela mina Lihir e Ramu Nico, bem como pela mina Misima, agora desativada (McKinnon, 2002). Algumas minas descarregam seus resíduos de rejeitos diretamente nos sistemas fluviais. A mina de Tolukuma descarrega no rio Auga-Angabanga (Nema e Banda, 2010) e em seus estuários, enquanto Ok Tedi (Sibiya e Banda, 2010) e as minas de Pogera (Ross, sem data) descarregam nos rios Fly e Strickland, respectivamente. O armazenamento no local de resíduos de minas em barragens de rejeitos é outro método usado pela mina Wau na província de Morobe.

1.1. Histórico

DSTP é a prática pela qual um sistema de dutos submarinos é usado para depositar resíduos de mineração em águas profundas estratificadas, onde é provável que os rejeitos fiquem presos abaixo da camada superficial mista e fluam como uma lama densa para um local de deposição no fundo do oceano. O processo tem se tornado cada vez mais popular na região da Ásia-Pacífico, onde as opções de descarte em terra são problemáticas (Shimmield, 2013). Em comparação com a retenção de rejeitos em terra, o setor de mineração tem argumentado regularmente que o DSTP é mais seguro tanto para a população local quanto para o meio ambiente. As empresas de mineração afirmam que, na região da Ásia-Pacífico, a terra é inadequada para a construção de barragens de rejeitos devido às montanhas escarpadas, aos terremotos regulares e ao alto índice de chuvas. Dizem que esses fatores aumentam a probabilidade de uma falha desastrosa da barragem (Pearce,

2000).

O objetivo ideal de uma operação de DSTP é fazer com que os rejeitos viajem da boca do tubo subaquático em uma corrente contínua até o fundo do mar (Shimmield, 2013). No entanto, é inevitável que quantidades substanciais de resíduos de mineração se separem do fluxo principal de rejeitos e formem plumas de resíduos que se espalharão pelo oceano . Diferentes correntes podem levar essas plumas para as águas superficiais. Os resíduos de mineração que chegam ao fundo do mar não necessariamente permanecem lá. É quase certo que as correntes de águas profundas moverão os rejeitos para longe da área de descarte. O problema potencial mais sério está relacionado à ressurgência. Esse termo é usado para descrever o movimento de águas oceânicas profundas para a superfície do mar. Isso geralmente ocorre ao longo da costa e, em circunstâncias normais, é um dos processos marinhos mais produtivos, pois fornece alimento para peixes e outros animais. A ressurgência é geralmente o local da melhor pesca. Infelizmente, a ressurgência também pode trazer os resíduos de mineração de volta à superfície do oceano, onde são altamente perigosos para a vida marinha.

Em março de 2001, foi realizada na Indonésia uma Conferência Internacional sobre Descarte Submarino de Rejeitos (STD). Ela revelou imprecisões científicas, ameaças aos recursos marinhos, impactos negativos à saúde e devastação das economias costeiras.

A conferência foi concluída com uma declaração que pedia a proibição internacional do DST e exigia que as empresas de mineração assumissem a responsabilidade pelos impactos dessa prática destrutiva do ponto de vista ambiental e social nas comunidades costeiras.

Devem existir condições topográficas e hidrodinâmicas específicas para que os rejeitos da mina afundem no leito marinho e permaneçam lá. Embora nem sempre seja adequado, quando comparado com os custos operacionais e de capital dos represamentos em terra, esse tipo de descarte de rejeitos pode ser muito econômico. A DSTP está, portanto, ganhando popularidade à luz de falhas catastróficas de barragens e em face da disponibilidade de terras, do valor do uso da terra e das disputas pela propriedade da terra, que são predominantes em alguns países. A melhor prática na aplicação do DSTP está centrada na seleção adequada do local para o descarte de rejeitos. A consideração de alguns atributos ambientais específicos pode ajudar a reduzir o risco do processo de colocação de rejeitos em águas profundas para minas em que o DSTP é uma opção viável. Shimmield (2013) resumiu essas condições da seguinte forma;

1) Acessibilidade ao litoral: os rejeitos podem ser transportados por terra, desde que a topografia seja adequada (em alguns casos, os rejeitos são transportados por até 150 km).

2) Batimetria e oceanografia física adequadas: encostas submarinas íngremes, desfiladeiros ou canais de águas profundas naturalmente excisados próximos à costa.

3) A profundidade de descarga da tubulação: deve ser maior do que a profundidade máxima da camada mista da superfície, da zona eufótica e da zona de ressurgência para maximizar a deposição estável no fundo do mar.

4) Ausência de ressurgência ou revolvimento sazonal: para evitar a ressuspensão de rejeitos nas águas superficiais.

5) Localização em um ambiente de baixa energia: para reduzir a probabilidade de rompimento de tubulações e reduzir a formação de plumas de rejeitos subterrâneos e a ressuspensão de rejeitos depositados.

6) Ambiente receptor de águas profundas: deve ser uma área de deposição de fundo macio.

7) Ambiente de baixa produtividade: para reduzir o impacto potencial sobre os recursos marinhos, como a pesca/mariscos. (p. 9)

A DSTP e a refinaria de Basamuk foram avaliadas quanto às características acima e uma licença ambiental foi concedida à Ramu Nico (MCC) Limited (RNML) para usar o método DSTP de descarte de rejeitos após a retificação dos critérios. No entanto, a controvérsia sobre os extensos danos ao ecossistema marinho nunca diminuiu. O apontamento de equívocos por análises independentes, liminares judiciais e reclamações de contaminação fazem parte dos problemas em tempo real que cercam a operação do DSTP em Basamuk atualmente. Cercado por essa pressão, poucas medidas podem ser tomadas para se salvar; uma delas é o monitoramento contínuo e a conscientização das comunidades vizinhas. Assim, este estudo pode contribuir parcialmente por meio da avaliação independente da segurança dos rejeitos antes de serem descarregados.

1.2. Declaração do problema

O uso do DSTP atraiu muitas críticas por seus impactos no mar receptor de rejeitos. O descontentamento com o DSTP foi evidentemente multifacetado: legal, ético, social e ambiental. As preocupações ambientais levantadas sobre os impactos da DSTP concentram-se especificamente nos efeitos físicos, químicos e biológicos no local da descarga de rejeitos, bem como nas áreas adjacentes mais amplas, lateral e verticalmente na coluna d'água. Também foram levantadas preocupações sobre eventos oceanográficos físicos, como a ressurgência que pode levar o rejeito até a zona eufótica, a área de produção primária ativa na cadeia alimentar marinha.

A toxicidade dos metais pesados nas localidades de impacto continua sendo uma das principais preocupações associadas à tecnologia DSTP. A mobilidade vertical e a disseminação de metais pesados tóxicos no mar é um tema muito debatido. Essas controvérsias instigaram pesquisas sobre os impactos da DSTP nos ecossistemas marinhos locais. Os parâmetros que estão sendo investigados incluem: sedimentos, água, fauna bentônica, peixes, flora marinha e propriedades físicas oceânicas do local do DSTP. Embora essas tentativas avaliem corretamente os efeitos da DSTP na ecologia marinha, a qualidade do rejeito da DSTP também precisa ser avaliada para gerar uma ideia sobre os possíveis riscos de toxicidade associados ao rejeito.

As ecotoxinas, especialmente os metais pesados tóxicos no oceano, têm origem nos rejeitos. Portanto, a qualidade do rejeito em termos de conteúdo de metais pesados e de suas propriedades físicas é vital para avaliar a ameaça empírica que ele representa para o ambiente receptor. Atualmente, o foco é limitado na qualidade do rejeito e mais atenção é dada aos efeitos ambientais do método DSTP de descarte de rejeitos, que geralmente é bastante caro e precisa de insumos tecnológicos especiais para acessar as matrizes ambientais para análise, fatores que geralmente negam o monitoramento dos impactos do DSTP na PNG. Entretanto, a avaliação da qualidade do rejeito e a determinação dos riscos de poluição por metais pesados oferecem um caminho alternativo para o monitoramento das instalações de DSTP, pois é barato e fácil de executar e obter resultados viáveis. Assim, a avaliação dos riscos ecológicos com base na avaliação da qualidade do rejeito pode fornecer um caminho de rastreamento geoquímico para avaliar os efeitos dos metais pesados no ambiente marinho impactado pela DSTP.

1.3. Escopo

De acordo com o foco do estudo atual de avaliar os parâmetros de qualidade do rejeito para determinar os riscos ecológicos dos rejeitos, a conformidade interna e os padrões regulatórios nacionais foram usados para determinar o risco ou a segurança de o rejeito utilizando uma pesquisa científica ou uma abordagem investigativa.

O estudo investigou os componentes físicos e químicos do rejeito. A acidez (pH) e o DFV foram as propriedades físicas estudadas, enquanto o componente químico incluiu a determinação de metais pesados dissolvidos na água do rejeito. O último envolveu trabalho de campo, como amostragem, tratamento e manuseio, seguido de procedimentos laboratoriais usando instrumentos analíticos para quantificar a concentração de metais presentes.

Os resultados dos parâmetros físicos foram comparados com as condições estipuladas nos RNMLs, enquanto os dados químicos da água de rejeitos do EP foram usados em relação aos padrões do EP e do PNGWQG para água marinha. Para todos os dados, quaisquer valores fora dos padrões são considerados coletivamente como riscos e os resultados que estão em conformidade com os padrões de conformidade são considerados como riscos mínimos ou insignificantes.

1.4 Objetivo do estudo

O objetivo geral deste estudo é investigar os possíveis riscos ecológicos marinhos colocados no ecossistema pelágico pelo rejeito descartado no local do estudo por meio do DSTP. Para determinar os possíveis riscos, a qualidade do rejeito em termos de (1) acidez ou pH (2) velocidade do fluxo de descarga e (3) metais dissolvidos no efluente do rejeito foram avaliados em relação à conformidade e às diretrizes regulatórias; os critérios EP e PNGWQG da empresa, respectivamente.

A avaliação da acidez sustenta o fato de que os metais pesados podem ser lixiviados e liberados de minerais ligados a rejeitos em condições ácidas, o que é um cenário de risco para a toxicidade de metais pesados na ecologia marinha. Quaisquer valores de pH dentro da faixa exigida pela Licença Ambiental (EP) da empresa são considerados seguros, enquanto os resultados diferentes são tratados como um fator de risco.

A investigação sobre o fluxo de descarga do rejeito tinha como objetivo revelar a capacidade do rejeito de se manter em uma corrente de densidade no ponto de descarga e o fluxo do rejeito no fundo do mar. Velocidades abaixo ou acima dos valores ideais declarados no EP podem afetar o cisalhamento ou a dispersão da pluma na interface água do mar-rejeito no ponto de descarga. Isso também é considerado um risco ecológico, pois os materiais de rejeitos acumulados acima do fundo do mar formam uma corrente de densidade e são vulneráveis ao deslocamento físico e químico para a zona eufótica, onde a produção primária é abundante.

A determinação dos metais dissolvidos no efluente do rejeito é importante. A contaminação por metais pesados no ecossistema marinho continua sendo uma das piores formas de poluição, portanto, o conhecimento dos níveis de metais descarregados pode ser usado para avaliar a ameaça em potencial que isso representa para o meio ambiente. As concentrações de metais pesados foram avaliadas de acordo com os critérios EP e PNGWQG para determinar a quantidade e os riscos associados a eles.

1.5. Organização da dissertação

Esta dissertação consiste em cinco (5) capítulos: introdução, revisão da literatura, métodos e materiais, resultados e discussão, resumo e conclusão. O primeiro capítulo é a introdução, que fornece detalhes gerais da tese.

Coloca o estudo em perspectiva, fornecendo as informações básicas relevantes para o tópico e também aponta o problema ou a deficiência que o estudo atual tenta descobrir soluções. Além disso, fornece o escopo do conhecimento e das atividades realizadas pelo estudo para abordar o problema identificado. Por fim, declara o objetivo do estudo atual e apresenta um esboço genérico da dissertação.

A seção de revisão da literatura (Capítulo 2) analisou estudos científicos publicados relacionados à DSTP e à ecologia marinha. A revisão indicou avanços em tópicos semelhantes aos do estudo atual e revelou lacunas de informações nas quais o estudo atual se encaixa no escopo local e global da disponibilidade de conhecimento científico referente aos efeitos da DSTP na ecologia marinha das áreas de impacto. Os métodos e materiais usados no estudo estão detalhados no capítulo 3, enquanto no capítulo 4 os resultados são apresentados e discutidos. Os resultados incluíram taxas de velocidade de fluxo de descarga (DFV), leituras de pH e concentrações de metais pesados dissolvidos. No último capítulo (Capítulo 5), é apresentado um resumo do estudo, juntamente com as conclusões derivadas dos resultados da pesquisa. As referências e os apêndices são encontrados nas páginas seguintes após o último capítulo. Em geral, a estrutura desta dissertação adota o esquema padrão de redação de teses científicas para fins acadêmicos.

Capítulo 2

Revisão da literatura

Atualmente, há principalmente quatro países que usam o DSTP: Indonésia (Rusdinar *et al.*, 2013), Papua-Nova Guiné, Filipinas e Noruega (Vogt, 2012; Koski, 2012), com alguns outros locais propostos e encerrados em todo o mundo. O método de descarte é usado em minas que atendem às condições necessárias de acesso a águas profundas (>1000 m) por meio de um declive continental ou insular íngreme (>12°) e está sendo considerado como uma opção de descarte em várias minas novas ou projetadas no sudeste da Ásia e no Pacífico ocidental (Reichelt-Bruschett, 2012). A prática é altamente controversa, com muitas comunidades locais e organizações não governamentais expressando preocupações sobre os possíveis impactos ambientais (Shearman *et al*, 2001).

Até o momento, as pesquisas têm se concentrado na biota pelágica e nas comunidades de corais próximas à costa nas proximidades dos emissários da DSTP (Brewer *et al.*, 2007; Brewer *et al.*, 2012; Barnes e Lough, 1999; Edinger *et al.*, 2008), mas nada se sabe sobre os efeitos no leito do mar profundo, que forma o repositório final para a maior parte do material descarregado. A colocação de rejeitos em águas profundas implica a entrada maciça de sedimentos finos, contendo metais pesados residuais derivados do corpo de minério terrestre (Angel *et al.*, 2013) e contaminantes potencialmente adicionais introduzidos pelo processamento químico do minério em ambientes batimétricos considerados pontos críticos de biomassa e biodiversidade em águas profundas (De Leo *et al.*, 2010; Levin & Sibuet, 2012). A falta de informações sobre suas consequências ecológicas é, portanto, uma lacuna significativa em nosso conhecimento sobre os impactos antropogênicos no mar profundo.

O foco do presente estudo é investigar os riscos ecológicos associados aos rejeitos descarregados pela tecnologia DSTP na Astrolabe Bay, operada pela RMNL. Este capítulo apresenta uma revisão da literatura relacionada aos impactos ambientais da DSTP.

2.1. DSTP na Refinaria de Basamuk.

O DSTP envolve a tubulação de efluentes de rejeitos por meio de um sistema de tubulação submarina que atinge profundidades bem abaixo do nível do mar e da zona de afloramento. O rejeito é descarregado nessa profundidade, onde é considerado fora do alcance das condições físico-químicas que reagiriam para torná-lo tóxico (McKinnon, 2002). O DSTP não é novo na PNG, pois foi usado nas minas de Misima e Lihir antes de ser instalado em Basamuk.

Na refinaria de Basamuk, os rejeitos produzidos pelo refino de níquel e cobalto são neutralizados e canalizados para o tanque de mistura. Em seguida, a água do mar é puxada por um cano de 20 m, a água do mar é misturada com os rejeitos para diluição até a qualidade da água do mar no tanque de mistura antes de ser descartada por meio do sistema DSTP. O ponto de descarga fica 150 m abaixo do nível do mar. Os resíduos fluem em uma corrente de densidade e são assentados entre os cânions oceânicos encontrados no fundo do oceano por ação gravitacional (Highlands Pacific, 2009). **A Figura 4** abaixo mostra uma representação gráfica da instalação

DSTP na Refinaria de Basamuk.

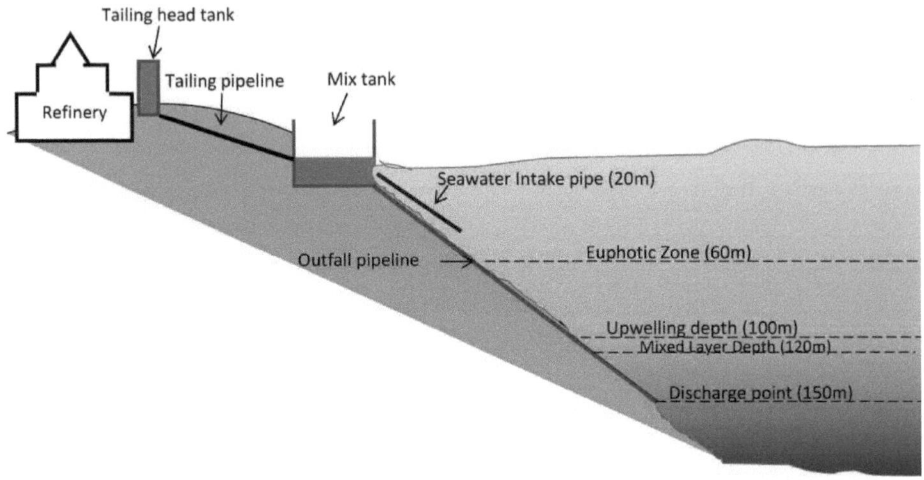

Figura 1. Representação esquemática da instalação de DSTP da RNML na Refinaria de Basamuk.

2.2. Possíveis rotas de mobilidade de metais por caminhos oceanográficos.

Os metais tóxicos presentes no rejeito podem subir na coluna d'água a partir do ponto de descarga, além de causar danos à perturbação bêntica no ambiente abissal. Há três fenômenos oceanográficos principais que são considerados de risco: (1) sufocamento bentônico, (2) ressurgência e (3) cisalhamento da pluma.

O abafamento do sistema bentônico é outro grande impacto da DSTP em águas profundas, envolvendo a cobertura do fundo do mar por materiais de rejeitos. Ramu Nico depositará 5 milhões de toneladas de resíduos de rejeitos em um período de 20 anos. Isso cobrirá 150 km^2 de planícies abissais no Estreito de Vitiaz, conforme sugerido pelo The NSR Environmental Plan (1999). Isso significa que, ao final da mineração, 150 km^2 de fundo do mar serão sufocados ou cobertos.

Sufocamento da fauna bentônica devido às altas taxas de sedimentação no ponto de deposição dos rejeitos. Alguns estudos relatam um rápido repovoamento dos rejeitos pela comunidade bentônica após o término da deposição (Kline & Stekoll, 2001), enquanto outros estudos apresentam dados que indicam que as estruturas da comunidade bentônica sofreram forte contaminação e abriram caminho para espécies oportunistas, com redução da biodiversidade (Josephson *et al,* Os organismos bentônicos que vivem no fundo do mar fazem parte da cadeia alimentar marinha, e os predadores mais móveis que se alimentam deles podem levar os metais tóxicos para mais longe e para cima, agindo como um mecanismo de "bomba" biológica para levar a contaminação para águas mais rasas (Pearce, 2000).

O cisalhamento da pluma é um fenômeno oceanográfico que acrescenta risco ao DSTP. Os rejeitos não permanecem juntos em uma "corrente de densidade" no terminal de descarga (**Figura 5**). Quando os rejeitos deixam a tubulação para entrar no mar, as partículas finas de rejeitos sempre se separam da corrente principal e flutuam. Isso é chamado de "cisalhamento de pluma". Esses rejeitos às vezes ficam presos entre as camadas do oceano e podem viajar dessa forma por muitos quilômetros (Mineral Policy Institute, 1999). O cisalhamento da pluma ocorreu na mina Misima, agora desativada, em PNG, onde os rejeitos dispersos se espalharam por distâncias maiores do que as previstas pelos modelos e causaram aumento da turbidez da água do mar (Dold, 2014).

Se assumirem uma rotação, os rejeitos podem manter sua densidade por centenas de quilômetros (Luick, 2001). O cisalhamento da pluma também pode ocorrer quando os rejeitos descarregados encontram "descontinuidades" ou locais no oceano onde duas camadas de água se encontram com temperatura ou densidade diferentes. O cisalhamento da pluma expõe metais pesados à cadeia alimentar porque os peixes ingerem partículas de rejeitos inteiras ou absorvem metais lixiviados por meio de suas membranas branquiais (Sheaves, 2001).

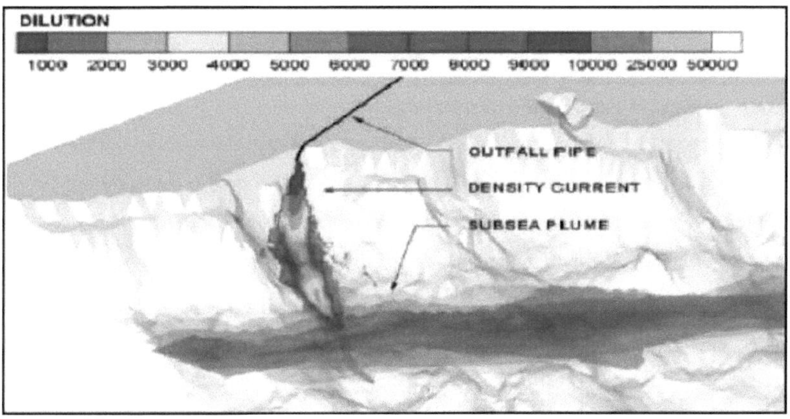

***Fonte:** Ramu NiCo (MCC), 2010*

Figura 2. Ilustração da corrente de densidade.

Essas plumas de resíduos podem ser trazidas para a zona eufótica por afloramentos. Esse termo se refere ao processo oceanográfico do movimento de águas oceânicas profundas para a superfície do mar. Isso geralmente ocorre ao longo da linha costeira e, em circunstâncias normais, é um dos processos marinhos mais produtivos, pois fornece alimento para peixes e outros animais. As ressurgências geralmente são o local da melhor pesca. Infelizmente, a ressurgência também pode trazer os resíduos da mina de volta à superfície do oceano, onde são mais perigosos para a vida marinha (McKinnon, 2002). A re-deposição dos rejeitos em níveis mais rasos, devido à ressurgência e a correntes imprevistas (Dold, 2014), pode expor os rejeitos na zona eufótica; quando isso ocorre, o potencial de danos ecológicos na região mais ampla da Astrolabe Bay aumenta muito.

Sheaves (2001) apontou que existem dados convincentes na própria pesquisa da NSR mostrando mecanismos que poderiam transportar rejeitos para as águas superficiais. Os dados da NSR sugerem fortemente que a ressurgência ocorre nas proximidades da Baía de Basamuk.

Existe uma corrente substancial em terra a partir da profundidade do emissário do STD que tem o potencial de transportar rapidamente o material de rejeitos para as regiões da superfície do mar. Essa corrente de subida do cânion, que se move diretamente para a costa perto do leito marinho no local da queda, foi observada, mas não comentada no Relatório Principal do Plano Ambiental (Sheaves, 2001).

Isso também foi apoiado por outro estudo independente que constatou que no Astrolabe.

Bay, na província de Madang, uma corrente de fundo movendo-se em direção à linha costeira, com correntes de profundidade média movendo-se para fora da costa, sugere ressurgência, e isso não pode ser descartado com base nas evidências disponíveis (Luick, 2001).

Esse estudo também constatou que "as ondas internas poderiam atuar como bombas periódicas para levar parte da lama de STD a níveis muito mais altos, onde outros processos poderiam elevá-la ainda mais (Luick, 2001). Em 1999, um estudo independente do Mineral Policy Institute afirmou que: "Se isso ocorrer, terá um impacto significativo sobre a produtividade e a ecologia da Astrolabe Bay e do litoral de Madang. Esses fenômenos oceanográficos ocultos são, de fato, um retrocesso para o meio ambiente e sua população.

2.3. Possíveis impactos na química marinha

Os processos oceanográficos mencionados acima afetarão a mobilidade das espécies químicas de interesse e terão efeitos tremendos sobre a composição química marinha da água do mar local. Os resíduos tóxicos do terminal de rejeitos podem ser ressuspensos, adsorvidos e absorvidos por diferentes componentes bióticos e abióticos do ecossistema oceânico, permitindo sua mobilidade para a zona eufótica e, por fim, para as cadeias alimentares (Burnskill, 2001).

Assim, ele acabará sendo ingerido na dieta dos seres humanos. Dessa forma, as pessoas nas proximidades de Basamuk terão sua saúde comprometida pelas atividades da refinaria, que continuarão por mais de 20 anos.

Entre todos os problemas de poluição associados ao descarte de rejeitos, os metais pesados continuam sendo a maior ameaça ao ecossistema e aos organismos devido à sua biodisponibilidade, bioampliação, mobilidade e especiação em formas tóxicas (Burnskill, 2001). Estudos revelaram que os metais traços reduzem a riqueza e a uniformidade das comunidades marinhas (Johnston e Roberts, 2009). Alguns metais pesados, em suas formas nativas, não são tóxicos, mas sofrem especiação em condições físico-químicas favoráveis para se tornarem tóxicos. Por exemplo, o mercúrio elementar (Hg) transforma-se em metilmercúrio (MeHg), que é tóxico, e o cromo (Cr) em cromo hexavalente (Cr^{6+}). Eles são tóxicos porque são biodisponíveis para a ingestão dos organismos e se tornam móveis na cadeia alimentar. Por fim, acabam chegando aos seres humanos e causando doenças.

A biodisponibilidade dos metais pesados é causada pela lixiviação dos efluentes dos rejeitos no mar e eles são problemáticos porque podem se tornar biodisponíveis, o que significa que podem ser absorvidos pela vida marinha e se acumular na cadeia alimentar, afetando potencialmente a saúde da vida marinha e das pessoas que dependem dos alimentos do mar. Os consultores de mineração argumentam que colocar os rejeitos na água do mar resolve amplamente esses problemas porque há menos oxigênio disponível na água do mar (portanto, a oxidação é mais lenta) e a água do mar é alcalina (o que contraria a acidez). Esses dois fatores impedem a lixiviação de metais (NSR Consultants, 1999). Os consultores também afirmam que, ao desgaseificar os rejeitos (removendo parte do oxigênio) antes de serem canalizados para o mar e ao depositá-los no fundo do mar, que tem menos oxigênio do que as camadas superficiais mistas, o problema da lixiviação de metais é essencialmente resolvido. Entretanto, além do cisalhamento da pluma e da incidência de ressurgência, outros meios também podem determinar a toxicidade dos metais no ambiente marinho.

O DSTP foi projetado para evitar a lixiviação de metais, pois ela ocorre menos prontamente sob a água, onde há menos oxigênio (NSR Consultants, 1999). Mas alguns metais são, na verdade, bastante solúveis na água do mar, mesmo em águas profundas e menos oxigenadas. Se os metais chegarem às camadas superficiais mais oxigenadas por meio de ressurgência, cisalhamento de plumas ou rompimento acidental de tubulações, é provável que haja oxidação e lixiviação de determinados metais. Cientistas independentes também preveem a lixiviação de metais de rejeitos no caso da proposta da Mina Ramu (Sheaves, 2001). Os metais também podem se acumular nos organismos marinhos, mesmo que os rejeitos não estejam oxidados e lixiviando metais. Se, por meio de um rompimento de tubulação, ressurgência ou cisalhamento de pluma, os rejeitos forem parar em áreas rasas onde a vida marinha é abundante, os metais podem ser absorvidos por meio da absorção de rejeitos inteiros. O cientista marinho Marcus Sheaves (2001) observou que as criaturas marinhas não se limitam necessariamente a uma camada ou profundidade do oceano. Portanto, volumes significativos de metais de rejeitos depositados em grandes profundidades podem chegar aos níveis mais altos da água do mar e à cadeia alimentar humana por meio da "migração vertical biológica" das profundezas para as camadas mais altas por plâncton e peixes que absorveram rejeitos ou metais lixiviados, e por peixes das camadas mais altas que descem para os níveis mais baixos para se alimentar (Sheaves, 2001).

A DSTP, especialmente na Baía de Basamuk, é considerada segura porque evita algumas das interações científicas mais importantes dos resíduos de rejeitos com a água. A regulação da velocidade do fluxo minimiza o cisalhamento da pluma, formando uma corrente turva que afunda diretamente no fundo do mar. O controle do pH pode reduzir a possibilidade de lixiviação e oxidação de metais. Os resíduos descarregados no fundo do mar podem impedir ações físico-químicas no ecossistema marinho, e o abafamento do fundo do mar pode se recuperar com o tempo, quando os organismos bentônicos forem capazes de se adaptar. Eventos oceanográficos, como ressurgência ou correntes marítimas profundas, não são possíveis, como os estudos preliminares confirmaram, e os métodos e materiais de engenharia usados são de padrão mais elevado, portanto, as possibilidades de rupturas acidentais são quase impossíveis. A refinaria também é diferente das minas de Misima e Lihir, pois elas extraem e processam ouro e cobre, enquanto a RamuNico processa níquel e cobalto. Isso significa que os impactos de DSTs avaliados nessas duas minas não podem ser usados comparativamente contra a RamuNico por suas implicações de saúde e segurança ambiental.

Portanto, avaliações independentes e específicas do local são necessárias para documentar o nível de segurança dos rejeitos de Basamuk. Dessa forma, este estudo está investigando a concentração de metais, o pH e a velocidade do fluxo do rejeito antes da descarga via DSTP para avaliar a segurança desse rejeito no ecossistema marinho local.

2.4. Possíveis impactos na biota marinha

A biota marinha na localidade de estudo está de certa forma inter-relacionada em cadeias e teias alimentares complexas. Ela depende diretamente dos componentes abióticos do ambiente, como sedimentos e seu corpo d'água sobrejacente, elementos alimentares e a química marinha da área. Em todos os DSTP, a vida marinha é sufocada e exterminada pelos rejeitos. Estudos de linha de base conduzidos pela NSR (1999) em Basamuk previram que a biota bentônica será sufocada e sujeita à toxicidade dos rejeitos em uma área de 150 km^2. Isso inclui o sufocamento das comunidades verticais ao longo da trajetória abaixo do ponto de descarga do rejeito e da área horizontal do assentamento final do rejeito no fundo do mar. A recolonização e a adaptação de organismos foram observadas em outras minas que usaram o DSTP, como a Island Copper Mine e a Kitsault Mine (Coumans, 2002); alguns novos organismos também se estabeleceram nos rejeitos. Entretanto, menos organismos recolonizam as áreas sufocadas do que antes e há uma perda de biodiversidade (Golder Associates, 1996). Também sabemos que certas espécies evitam os rejeitos assentados no leito marinho, como o linguado amarelo e os caranguejos bronzeados. Os organismos adaptativos ou recolonizadores geralmente estão contaminados com produtos químicos tóxicos dos rejeitos (Sheaves, 2001). Esses organismos podem possivelmente atuar como espécies bioacumuladoras e biomagnificadoras quando entram nas cadeias alimentares. É evidente que os componentes tóxicos dos resíduos de rejeitos podem se mover verticalmente para cima na coluna de água do mar de duas maneiras principais. Eles podem ser movidos pelo movimento vertical biológico por meio das cadeias alimentares e por características oceanográficas físicas, como ressurgência e correntes marinhas profundas (Sheaves, 2001). Embora os materiais de rejeitos despejados no fundo do oceano sejam supostamente seguros contra a contaminação marinha e supondo que os organismos bentônicos não sejam importantes, eles fazem parte da cadeia alimentar marinha, e os predadores mais móveis que se alimentam deles podem levar os metais tóxicos para mais longe e para cima, agindo como um mecanismo de "bomba" biológica para levar a contaminação para águas mais rasas (Pearce, 2000). Muitos dos peixes que a população local pesca nas águas da PNG são capturados na faixa de 100 a 200 m de profundidade, e eles geralmente caçam alimentos em profundidades de 800 m ou mais (McKinnon, 2000).

As espécies que se alimentam no fundo e ingerem contaminantes são comidas por espécies que vivem na superfície, transportando os poluentes para a superfície. Os microrganismos também migram diariamente para cima e para baixo na coluna de água, alimentando-se a uma profundidade de 12 a 50 m de plantas unicelulares (Shearman, 2001). Mesmo que os depósitos não possam ser vistos na superfície da água, mais abaixo, esses sedimentos podem fazer com que os peixes deixem a área, mudem seus hábitos ou afetem seu comportamento de reprodução. Alternativamente, os peixes podem ser atraídos pela proteção contra predadores que a água cheia de sedimentos oferece e, por sua vez, podem ser prejudicados por componentes tóxicos no material depositado.

Pesquisas também demonstraram que peixes em águas carregadas de sedimentos são mais suscetíveis a doenças devido à ação abrasiva dos sedimentos em sua pele e podem ser prejudicados por sedimentos que bloqueiam seus filamentos branquiais (Pearce, 2000). A mobilidade dos produtos químicos tóxicos nos níveis tróficos da cadeia alimentar pode ser bioacumulada e ampliada. Isso é importante para a saúde das pessoas porque os seres humanos são consumidores de primeira ordem, o que significa que podem consumir produtos químicos tóxicos altamente bioconcentrados como alimento (Burnskill, 2001).

É inevitável que plumas de rejeitos se desenvolvam ao longo das interfaces de densidade, permitindo que quantidades substanciais de rejeitos se separem do fluxo primário e se espalhem horizontalmente (Sheaves, 2001). Também é provável que os rejeitos entrem nas águas superficiais por meio de sua interação com as correntes costeiras, e é quase certo que as correntes marítimas profundas levarão os rejeitos rapidamente para o noroeste (Burnskill, 2001). Cada um desses cenários apresenta mecanismos distintos por meio dos quais peixes e invertebrados de meia água entrarão em contato direto com o material de rejeitos. Essa mobilidade física dos resíduos de rejeitos tóxicos afetará a química dos componentes abióticos do ecossistema marinho. Ele pode contaminar o corpo d'água na zona eufótica e os sedimentos. Consequentemente, os organismos, desde o plâncton até os peixes grandes, acumularão produtos químicos tóxicos devido à sua exposição ao ambiente.

Alguns dos materiais tóxicos, especialmente os metais pesados, são persistentes; eles podem permanecer no ambiente por períodos mais longos. Eles também são ingeridos por organismos marinhos e afetam as cadeias alimentares. Sabe-se que os metais pesados são bioacumulados, biomagnificados e se tornam móveis do ambiente para as mesas de jantar por meio das cadeias alimentares (Burnskill, 2001). Esses dois mecanismos de movimentação de resíduos tóxicos e as possibilidades de toxicidade discutidas são importantes para a população local e para a província. As águas provinciais de Madang sustentam um dos maiores setores de atum da PNG, o "Diana Tuna", que exporta atum de alta qualidade da PNG para os mercados europeus. Isso gera renda de valor de exportação para o país, além de criar empregos e fabricar peixe enlatado para o mercado interno a um preço muito mais barato do que as marcas importadas. No entanto, a DSTP na província pode levantar sérias preocupações quando seus mercados podem ser comprometidos. Isso pode ter um efeito em cadeia sobre a economia e o desemprego em seu próprio âmbito. O uso de recursos alimentares marinhos pela população local também pode estar em risco por motivos de contaminação. Isso apresenta riscos à saúde, além de prejudicar o estoque de alimentos.

2.5. Estudos DSTP em PNG e contribuição da pesquisa atual

O DSTP foi usado pela primeira vez em PNG na mina Misima, agora fechada, e desde então Lihir, Simberi e Ramu Nickel (Dold, 2014) seguiram o exemplo. A mina Yandera está propondo usá-lo também em um futuro próximo. Embora o método tenha sido usado, não foram realizados muitos estudos científicos para verificar os efeitos do DSTP no ambiente marinho. Apenas alguns estudos tentaram documentar os impactos sobre os ecossistemas nas regiões pelágicas banhadas por rejeitos.

Em um estudo recente conduzido por Hughes *et al* (2015) sobre as minas de Misima e Lihir, descobriu-se que não havia dados publicados sobre sedimentos afetados por rejeitos na mina de ouro de Lihir e não foram obtidas informações sobre o conteúdo de traços de metais dos rejeitos descarregados em Misim. Portanto, existe uma lacuna de conhecimento sobre a qualidade do rejeito e os efeitos detalhados do DSTP. Até recentemente, poucos estudos foram realizados nos locais de DSTP da PNG, concentrando-se principalmente nos efeitos sobre o ambiente receptor.

McKinnon (2002) discutiu os possíveis efeitos do DSTP na mina de Lihir sobre o ecossistema marinho, enquanto a abundância da população de peixes e os metais pesados em seus tecidos foram estudados por Brewer *et al* (2007).

Os aspectos de crescimento e recolonização da mina de Lihir também foram estudados por Barnes e Lough (1999). Todos esses estudos revelaram algum tipo de efeito sobre o ecossistema marinho do local receptor. Os sedimentos e a biota de Lihir e Misima também indicaram sinais de poluição por metais pesados e sufocamento de bentos (Hughes *et al.,* 2015). Embora esses estudos tenham sido feitos sobre o DSTP na PNG, nenhum deles ou qualquer outro estudo enfocou o conteúdo de metais pesados dos rejeitos ligados ao DSTP, que são parâmetros vitais em termos de entrada e toxicidade ecologicamente. Todos os metais pesados que causam estresse na qualidade do ambiente receptor são originários dos rejeitos. Portanto, a avaliação da qualidade do rejeito deve ser considerada um componente importante do monitoramento do ambiente afetado pelo DSTP ou das atividades de avaliação de impacto. Além disso, os estudos se concentraram nas minas de Lihir e Misima; a mina de níquel de Ramu é nova e permaneceu ignorada na área de estudos de impacto ou avaliações de risco.

Assim, este estudo se baseia na avaliação dos riscos de contaminação associados ao descarte de rejeitos na instalação DSTP da Ramu Nickel Mines em Basamuk, na província de Madang, PNG. Ele tenta determinar os teores de metais pesados, a acidez e o DFV que permitem que o DSTP funcione de forma eficaz. Esses três domínios do rejeito foram avaliados para determinar os riscos que representam para a ecologia marinha. A avaliação de risco é feita basicamente com base na conformidade com os padrões regulatórios e as legislações promulgadas pelo governo. A conformidade significa que o risco é baixo, enquanto a não conformidade indica que o risco de poluição é alto.

Capítulo 3

MÉTODOS e MATERIAIS

Os métodos usados neste estudo são protocolos científicos padrão para análise da química da água de rejeitos, credenciados por organizações chinesas, da OMS e australianas. A metodologia inclui amostragem, tratamento de amostras e análise instrumental com rigorosa adesão às medidas de controle de qualidade para produzir resultados precisos. De modo geral, o estudo usa atividades de monitoramento de rotina aprovadas usadas pela refinaria (Ramu NiCo) em sua missão de manter os pré-requisitos de segurança ecológica que estão sendo estipulados na Licença Ambiental para a química dos rejeitos.

O estudo utiliza procedimentos de campo e de laboratório sob condições científicas rigorosas para fornecer resultados precisos. A água do poro do efluente do rejeito foi coletada e enviada ao laboratório para análise de metais e pH, enquanto as leituras da velocidade de descarga foram feitas no ponto de descarga. A análise instrumental foi realizada no laboratório, produzindo resultados quantitativos e qualitativos, o que significa que o instrumento ICP-MS usado identificou os elementos metálicos presentes nas amostras, além de detectar suas concentrações.

3.1. Descrição do local de estudo

A localização do local de estudo é a Refinaria de Basamuk, conforme mostrado na **Figura 3** abaixo. As amostras de rejeitos foram coletadas no tanque de mistura, onde a água do mar é puxada para se misturar com o efluente de rejeitos antes de descarregá-lo pelo sistema DSTP. O local está situado na Refinaria de Basamuk e sua área de impacto é a Baía de Basamuk, situada dentro da ampla Baía de Astrolabe, no Distrito da Costa de Rai, na Província de Madang, em Papua Nova Guiné.

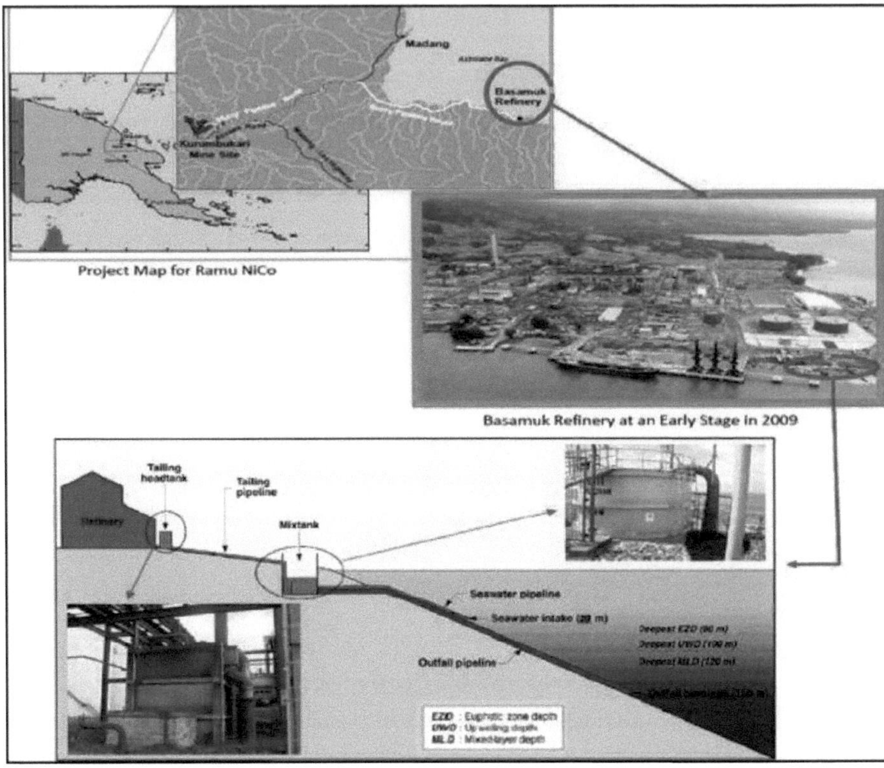

Figura 3. Localidade do local de estudo.

3.2. Projeto de pesquisa

O estudo foi projetado para avaliar os principais parâmetros do rejeito descarregado pela DSTP a fim de determinar o nível de poluição que ele pode causar no local da descarga. Foram empregados procedimentos de campo e de laboratório para avaliar os parâmetros vitais, ou seja, a velocidade do fluxo de descarga (DFV), a temperatura e o total de metais dissolvidos.

Esse estudo envolveu dados qualitativos e quantitativos. O componente qualitativo inclui a presença de metais no fluxo de efluentes de rejeitos, a acidez e o fluxo de descarga, enquanto a parte quantitativa são os valores numéricos obtidos por meio de análise instrumental. A permissão da empresa foi solicitada por escrito à gerência antes do início do estudo. A aquisição do estudo foi aprovada pelo departamento de meio ambiente da RNML e o estudo foi encomendado para fins acadêmicos.

Este estudo está associado a preocupações éticas rigorosas, conforme exigido pela empresa anfitriã e acordado pelo pesquisador. A pesquisa deve ser usada apenas para fins acadêmicos e públicos. O acesso às instalações do laboratório é restrito para segurança pessoal e adesão às regras e regulamentos da empresa. Ações difamatórias ou o uso dos resultados do estudo por outros motivos que não o propósito pretendido são restritos.

3.3. Amostragem

Todas as amostragens foram feitas na Refinaria Basamuk, onde ocorre o refino de Ni e Co de minérios de laterita. As amostras foram coletadas no tanque de mistura (Northing 9388006 Easting 404530) perto da costa marítima, onde o rejeito seria descarregado no mar profundo a uma profundidade de 150 m após a mistura com a água do mar na proporção de mistura de 1: l. A matriz da amostra coletada foi água para análise de pH e metais dissolvidos.

Os valores de DFV foram obtidos diariamente de um computador de monitoramento instalado e operado pelo departamento de neutralização da RNML. As leituras eram dados em tempo real gerados pelo software instalado.

3.3.1. Preparação

Os métodos e equipamentos utilizados foram padrões aprovados que fazem parte da verificação de rotina da empresa quanto à saúde e segurança ambiental. Os materiais de amostragem e os equipamentos de análise utilizados eram de nível analítico internacional. Todos os processos envolvidos estavam de acordo com os POPs (Procedimentos Operacionais Padrão) para amostragem e análise de órgãos reguladores internacionais credenciados, como a ISO 5667-2: 1987 e a GB (Norma Chinesa) 12997-1991, dos quais derivaram os POPs personalizados da empresa.

Os frascos de amostragem foram preparados com água destilada e secos antes de cada período de amostragem diária. Os béqueres e outros equipamentos também foram lavados com água destilada e secos ao ar antes do uso. Toda a preparação é feita por uma equipe de laboratório qualificada, seguindo as instruções estipuladas nos Procedimentos Operacionais Padrão (POPs) da RNML. Antes da amostragem, todos os frascos de amostragem foram previamente etiquetados com a data, a hora e o local da amostragem.

3.3.2. Coleta de amostras

As amostras foram coletadas usando um amostrador de metal com uma corda presa à alça e baixadas no tanque de mistura para coletar a água do rejeito. Foram tomadas precauções para evitar contaminação. As amostras retiradas do tanque de mistura são transferidas para um frasco de amostragem pré-etiquetado (1L). Esse procedimento foi repetido até que o frasco de amostragem de 1L estivesse cheio. A amostra foi então levada para o Laboratório Central de Basamuk para processamento posterior. Esse processo foi repetido durante o período de estudo de 8 dias.

3.4. Tratamento de amostras e análise laboratorial

No laboratório central de Basamuk, três subamostras foram filtradas com papel de filtro Whitman de 0,45 pm de diâmetro em recipientes de amostragem de 50 mL pré-rotulados, cada um para uma análise específica. O primeiro frasco de 50 mL não continha conservantes e o filtrado nele contido foi destinado à análise de metais dissolvidos. O segundo frasco tinha traços de NaOH como conservante e continha filtrado destinado à análise de cromo hexavalente dissolvido (Cr^{6+}). Esses dois frascos foram armazenados em um freezer de laboratório a menos de 4°C para serem enviados à Austrália para análise.

O filtrado da terceira garrafa de amostragem foi usado para análise de pH no local, em Basamuk. O filtrado foi submetido a um medidor de pH digital e as leituras da amostra foram lidas no visor. O medidor de pH foi calibrado com solução tampão padrão e água destilada antes de cada nova amostra ser analisada.

3.4. 1. Análise laboratorial

No final do período de amostragem, todas as amostras, até 16 (8 para metais dissolvidos e 8 para Cr^{6+}), foram acondicionadas em um refrigerador esky de 26L com recipientes de gelo e enviadas para a Austrália para análise pela ALS. Ao receber as amostras, o conteúdo do rejeito frascos de amostragem foi acidificado com 10-20mL de ácido nítrico concentrado (HNO_3) para manter a solubilidade dos metais dissolvidos e analisado diretamente quanto à concentração de metais pesados usando plasma indutivamente acoplado - espectroscopia de massa (ICP-MS), seguindo os procedimentos de instrumentação padrão do laboratório da empresa. O cromo hexavalente foi analisado com o Discrete Analyzer e o mercúrio com o Flow Injection Mercury Systems (FIMS).

A técnica ICPMS utiliza plasma de argônio altamente eficiente para ionizar elementos selecionados. Em seguida, os íons são passados para um espectrômetro de massa de alto vácuo, que separa os analitos com base em sua massa distinta para relações de carga antes da medição por um detector de íons de dínodo discreto. Essa técnica foi utilizada para determinar a concentração do total de metais dissolvidos no rejeito.

O Hg dissolvido foi analisado usando FIMS. Na verdade, foi usado o FIM-AAS, que é uma técnica automatizada de absorção atômica sem chama. Um reagente de bromato/brometo foi usado para oxidar quaisquer compostos orgânicos de mercúrio na amostra filtrada. O mercúrio iônico é reduzido on-line a vapor de mercúrio atômico pelo $SnCl_2$, que é então purgado para uma célula de quartzo aquecida. A quantificação foi feita comparando-se a absorbância com uma curva de calibração.

O cromo hexavalente (Cr^{6+}) foi determinado diretamente na amostra de água pelo Discrete Analyser, conforme recebido pelo ajuste de pH e desenvolvimento de cor usando difenilcarbazida. Cada série de amostras foi medida em relação a uma curva de calibração de cinco pontos para traçar a quantidade presente nas amostras de água de rejeito.

Capítulo 4

Resultados e discussão

Os resultados da **Tabela 1** mostram os resultados das propriedades físicas do rejeito avaliado no local em Basamuk. A Velocidade do Fluxo de Descarga do Rejeito (DFV) obtida durante o período de estudo de 8 dias produz um máximo de ***2075 m^3/h*** e um mínimo de ***1225 m^3/h*** com uma velocidade média de ***1543,8 m^3/h***. As leituras de pH variam de *7,6* a ***8,1*** unidades, com uma média de *7,9* unidades ***de pH***.

ID da amostra	Velocidade	pH
EM03 - 1 20131221	1650	7.97
EM03-2 20131222	1650	8
EM03-3 20131223	1650	7.9
EM03-4 20131224	2075	7.7
EM03-5 20131225	1225	7.6
EM03-620131226	1650	8.1
EM03-7 20131227	1225	8.1
EM03-8 20131228	1225	7.8
MÉDIA	**1543.8**	**7.9**

Tabela 1. Velocidade do fluxo de descarga e pH do efluente de rejeitos.

Os resultados apresentados na **Tabela 2** mostram a concentração de metais dissolvidos presentes no efluente do rejeito. Os analitos de cada uma das 8 amostras são tabulados juntamente com as concentrações padrão estipuladas pela Licença Ambiental da Ramu Nickel (Padrões EP) e as Diretrizes de Qualidade da Água da Papua Nova Guiné para Água Marinha (PNGWQG).

O Limite de Retenção (LOR) ou o limite de detecção do instrumento também é indicado com as unidades em mg/L nas colunas 2 e 3, respectivamente.

Os metais sombreados têm concentrações abaixo da LOR e são considerados ambientalmente insignificantes na discussão, enquanto as células claras mostram metais com concentrações acima da LOR e estão sujeitas à análise comparativa com os padrões, e seus resultados são discutidos nas páginas seguintes.

Detalhes do analito			Nome e data da amostra								Padrões	
			21.11.13	22.11.13	23.11.13	24.11.13	25.11.13	26.11.13	27.11.13	28.11.13		
Metais	LOR	Unidade	RNP T1	RNP T2	RNP T3	RNP T4	RNP T5	RNP T6	RNP T7	RNP T8	Padrões EP	PNGWQG
Como	0.001	mg/L	0.043	0.063	0.091	0.036	0.029	0.052	0.036	0.053	0.4	0.05

Cd	0.0001	mg/L	<0.0001	<0.0001	<0.0001	<0.0001	<0.0001	<0.0001	<0.0001	<0.0001	0.04	0.001
Co	0.001	mg/L	0.028	0.022	0.004	0.007	0.009	<0.001	<0.001	<0.001	5	-
Cu	0.001	mg/L	0.019	0.026	0.002	0.002	0.002	0.002	0.002	0.002	5	0.03
Pb	0.001	mg/L	<0.001	<0.001	<0.001	<0.001	<0.001	<0.001	<0.001	<0.001	0.05	0.004
Cr6+	0.01	mg/L	<0.01	<0.01	<0.01	<0.01					0.05	0.005
Ag	0.001	mg/L	<0.01	<0.001	<0.001	<0.001	<0.001	<0.001	<0.001	<0.001	0.05	0.05
Hg	0.0001	mg/L	<0.0001	<0.0001	<0.0001	<0.0001	<0.0001	<0.0001	<0.0001	<0.0001	0.048	0.0002
Se	0.01	mg/L	<0.01	<0.01	<0.01	<0.01	<0.01	<0.01	<0.01	<0.01	0.08	0.01
Ni	0.001	mg/L	0.261	0.293	0.039	0.058	0.069	0.014	0.007	0.018	8	1
Zn	0.005	mg/L	0.025	0.019	0.01	0.009	0.012	0.008	0.006	0.012	50	5
Mn	0.001	mg/L	4.28	4.66	0.802	4.22	11.4	0.416	0.063	0.156	500	2

	Concentrações acima do limite de retenção (LOR)
(sombreado)	Concentrações abaixo do limite de retenção (LOR)

Tabela 2. Concentração de metais dissolvidos no efluente do rejeito.

4.1. Parâmetros físicos do efluente de rejeitos

Os parâmetros físicos que foram avaliados no estudo incluem a velocidade do fluxo de descarga de rejeitos (DFV) e a acidez (pH) antes da descarga. A DFV do fluxo de efluentes de rejeitos é tomada como leitura do medidor quando o efluente sai do tanque de mistura de rejeitos. Essa velocidade é mantida até chegar ao terminal do oleoduto DSTP, 150 m abaixo do nível do mar.

As velocidades mínima e máxima designadas para a instalação Basamuk DSTP são 800 m^3/h e 2500 m^3/h, respectivamente, e estão estipuladas no EP fornecido à empresa como uma condição de prática que é monitorada legislativamente pela Autoridade de Conservação e Proteção Ambiental (CEPA) do governo da PNG para fins de conformidade.

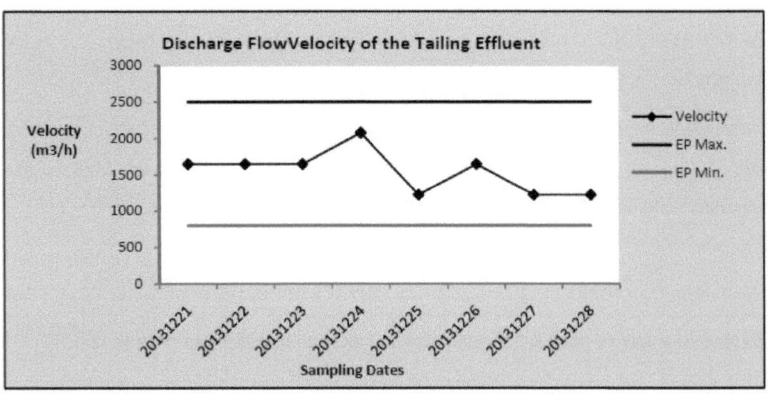

Figura 4. DFV diário do efluente de rejeitos durante o período de estudo.

O DFV de rejeitos representa um componente vital do sistema DSTP. Ele controla a corrente de densidade no emissário do DSTP . O rejeito descarregado em condições submarinas exige certa faixa de velocidade de descarga para manter a densidade e o fluxo para o fundo do mar com o mínimo de cisalhamento da pluma. É necessário um fluxo consistente para manter a corrente de densidade e minimizar o cisalhamento da pluma ou a dispersão dos materiais do rejeito. De fato, ele apoia as vantagens de todo o sistema DSTP. As velocidades diárias de descarga dos rejeitos da localidade de estudo são mostradas na Tabela 1 e representadas graficamente na Figura 4, indicando que os rejeitos foram descarregados dentro das velocidades permitidas.

A faixa recomendada é de 800 a 2.500 m^3/h e os valores investigados estão entre 1.225 e 2.075 m^3/h, com uma média de 1.543,8 m^3/h. Consequentemente, é assertivo dizer que o rejeito é descarregado em velocidades de conformidade.

A análise de pH determina a acidez ou alcalinidade do efluente de rejeitos antes da descarga. Isso é importante, pois a refinaria usa a tecnologia de lixiviação ácida de alta pressão (HPAL) para extrair os metais visados da lama. O calcário também é adicionado à pasta lixiviada para neutralização (Highlands Pacific, 2009, p.7). Portanto, a necessidade de avaliação contínua do pH é inevitável para provar que os efluentes de rejeitos estão dentro dos valores de conformidade e, mais importante, para manter a qualidade ecológica dos sistemas naturais no local de descarte.

A leitura média diária para este estudo está tabulada na **Tabela 1** e comparativamente representada graficamente na **Figura 5** com a faixa padrão do EP. Os valores de pH indicados na seção WD-L3 (115) da EP, condição 46, recomendam um valor mínimo de 6,5 e máximo de 9,0 unidades. Os valores diários de pH da água de rejeitos flutuam entre um valor mínimo de 7,6 e um máximo de 8,1, com uma média de 7,9. A partir do gráfico da **Figura 5**, é bastante óbvio que os valores variáveis de pH estão dentro da faixa recomendada, em conformidade com os padrões de segurança ecológica do PE. Assim, é bastante evidente que o resíduo de rejeito foi adequadamente neutralizado para níveis de alcalinidade (pH acima de 7), como confirma o valor médio do estudo de 7,9. Os valores de pH são semelhantes aos da água do mar, portanto, estão se misturando bem com o pH da água do mar natural, eliminando qualquer preocupação ambiental que a acidez do rejeito possa causar.

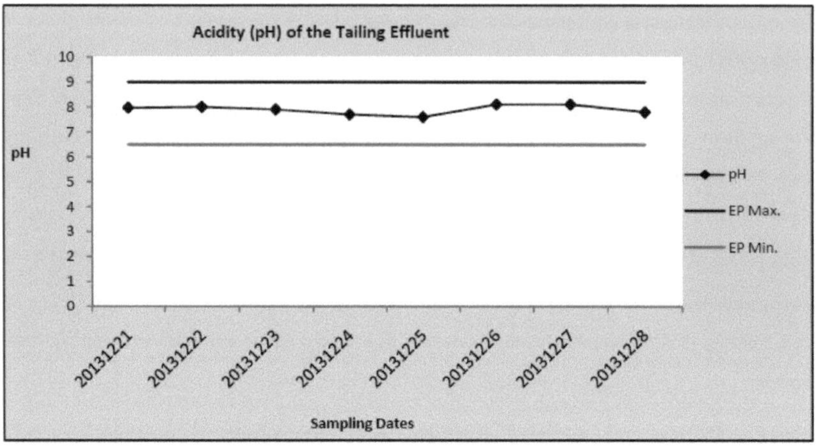

Figura 5. Acidez (pH) do efluente do rejeito durante o período do estudo.

4.2. Química de efluentes de rejeitos

Os metais são constituintes naturais da natureza. De fato, nas últimas décadas, as atividades industriais e urbanas contribuíram para o aumento da contaminação por metais no ambiente marinho e influenciaram diretamente os ecossistemas costeiros (Buccolieri *et al.*, 2006). Embora a maioria dos poluentes adsorvidos nos sedimentos não esteja prontamente disponível para os organismos aquáticos, a variação de algumas características físicas e químicas (pH, salinidade, potencial redox e o conteúdo de quelantes orgânicos) da água sobrejacente pode provocar a liberação dos metais de volta à fase aquosa e, portanto, sob condições ambientais variáveis, poluir os ecossistemas marinhos (Soares *et al.,* 1999). Todos os metais são tóxicos acima de algum nível limiar de biodisponibilidade. Ag, Hg, Cu, Cd e Pb são particularmente tóxicos (Kontas, 2008). Os metais pesados são considerados poluentes graves dos ecossistemas aquáticos devido à sua persistência ambiental, toxicidade e capacidade de serem incorporados às cadeias alimentares (Forstner & Wittman, 1983: Demirbas *et al.,* 2005).

A colocação de rejeitos em águas profundas implica a entrada maciça de sedimentos finos, contendo metais pesados residuais derivados do corpo de minério terrestre em ambientes banhados (Angel *et al.,* 2013). Metais como Cd, Pb, Se, Zn, Cu, As, Ag, Hg e Cr são constituintes comuns dos resíduos de rejeitos de mineração (Hoda & Azza, 2009; Barakat *et al.*, 2012) e são comprovadamente tóxicos para o meio ambiente e para os organismos, inclusive para os seres humanos (Chakravarty & Patgiri, 2009). Eles são tóxicos para a biota em concentrações mínimas, portanto, seu monitoramento de garantia de qualidade é de suma importância nos setores extrativistas.

Neste estudo, foram analisados 12 metais pesados com atributos de toxicidade, conforme mostrado na **Tabela 2**. Seis (6) desses metais (Cd, Pb, Cr6+, Ag, Hg e Se) apresentaram concentrações abaixo do LOR instrumental, enquanto os demais (As, Co, Cu, Ni, Zn e Mn) apresentaram concentrações acima de seus respectivos LORs.

Suas médias para o período de 8 dias deste estudo estão tabuladas na **Tabela 3** abaixo.

(a) Metais com concentração abaixo da LOR			
Metal	**Study Ave.**	**Padrão EP**	**PNGWQG**
Cd	<0.0001	0.04	0.001
Pb	<0.001	0.05	0.004
Cr6+	<0.01	0.05	0.005
Ag	<0.01	0.05	0.05
Hg	<0.0001	0.048	0.0002
Se	<0.01	0.08	0.01

(b) Metais com concentração acima da LOR			
Metal	**Study Ave.**	**Padrão EP**	**PNGWQG**
Como	0.05	0.4	0.05
Co	0.014	5	
Cu	0.007	5	0.03
Ni	0.095	8	1
Zn	0.013	50	5
Mn	3.25	500	2

Tabela 3. Média de metais com concentrações abaixo **(a)** e acima **(b)** de seus LORs.

4.2.1. Metais com concentrações abaixo da LOR

A maioria dos metais com concentrações abaixo de seus LORs não é essencial, o que significa que eles não têm função biológica conhecida na fisiologia dos organismos. Entre os metais pesados não essenciais que causam preocupação estão o chumbo (Pb), o mercúrio (Hg) e o cádmio (Cd). Eles podem ser tolerados em níveis baixos, mas também se tornam tóxicos em concentrações mais altas (Serafim *et al.,* 2012). Em ambientes marinhos, três metais são a principal preocupação: Pb, Cd e Hg (Schreiber & Burger, 2002) porque são estáveis e não podem ser decompostos, o que facilita o acúmulo no ambiente e a entrada fácil na cadeia alimentar e a subida nos níveis tróficos (Temara *et al.,* 1998; Elliot & Hemmingway, 2002).

No entanto, o potencial de toxicidade desses metais pesados não essenciais, juntamente com outros metais pesados com concentrações abaixo de seu LOR, não pode ser deliberado no estudo atual porque eles não podem ser quantificados em nenhuma quantidade ecologicamente significativa. Presume-se que sua quantidade esteja abaixo dos níveis toleráveis e de toxicidade conhecidos. Apesar de seu potencial de toxicidade, foi comprovado que esses metais estão presentes em quantidades indetectáveis no rejeito da Mina de Níquel Ramu (RNML) que é descartado pelo DSTP na Baía de Basamuk. Assim, a ameaça ecológica representada por esses metais pesados permaneceu insignificante, enquanto a empresa mantém sua conformidade com as normas ambientais da PNG.

4.2.2. Metais com concentrações acima da LOR

Todos os metais com concentrações acima de seus respectivos LORs são, em sua maioria, metais biologicamente essenciais, como Co, Cu, Ni, Mn e Zn, exceto o As, que é um metaloide com toxicidade conhecida.

Níquel (Ni)

O níquel é um metal traço nutricionalmente essencial para pelo menos várias espécies de animais, microrganismos e plantas e, portanto, podem ocorrer sintomas de deficiência ou toxicidade quando, respectivamente, for ingerido muito pouco ou muito Ni (Cempel & Nikel, 2006).

O níquel é facilmente acumulado na biota, especialmente no fitoplâncton ou em outras plantas aquáticas, que são bioindicadores sensíveis da poluição da água. Ele pode ser depositado no sedimento por processos como precipitação, complexação e adsorção em partículas de argila (WHO, 1991; Von Burg, 1997; Baralkie & Siepak, 1999). No estudo atual, as concentrações de Ni (faixa: 0,01 - 0,26 mg/L) de todas as amostras estão abaixo do padrão EP (8 mg/L) e do PNGWQG para água marinha (1 mg/L). Portanto, o risco imediato atual de contaminação por Ni na ecologia marinha da Basamuk Bay é mínimo e está em níveis ambientalmente insignificantes.

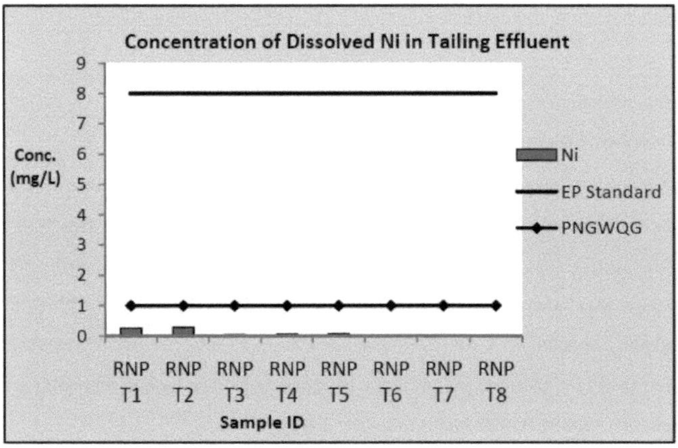

Figura 6. Concentração de Ni dissolvido.

Cobalto (Co)

Todas as concentrações de Co para o período de amostragem de 8 dias mostraram níveis abaixo do padrão EP de 5 mg/L, a quantidade média observada é de 0,014 mg/L (**Tabela 3b**). Não há uma quantidade específica para a concentração de Co na água do mar recomendada no PNGWQG; no entanto, com uma faixa de concentração de 0,001-0,028 mg/L, que fica muito abaixo do padrão EP, é evidente que o nível de Co dissolvido no rejeito se assemelha ao dos valores de fundo naturais. Nesse nível, o Co é necessário para os organismos vivos, incluindo o fitoplâncton marinho e os micróbios (Canice *et al.,* 1992), que constituem os produtores primários nas cadeias alimentares marinhas, porque o Co compõe a cobalamina, também conhecida como vitamina B12, que é essencial para a função biológica dos organismos (Smith, 1962; Bowen, 1966; Lehninger, 1976). Isso implica que a ecologia marinha da localidade de estudo está livre de contaminação por Co. Mesmo que o rejeito nas profundezas do oceano seja trazido para a zona eufótica, o nível de Co é muito baixo para causar qualquer contaminação ou representar ameaças de toxicidade à qualidade da água e à biota no local do impacto.

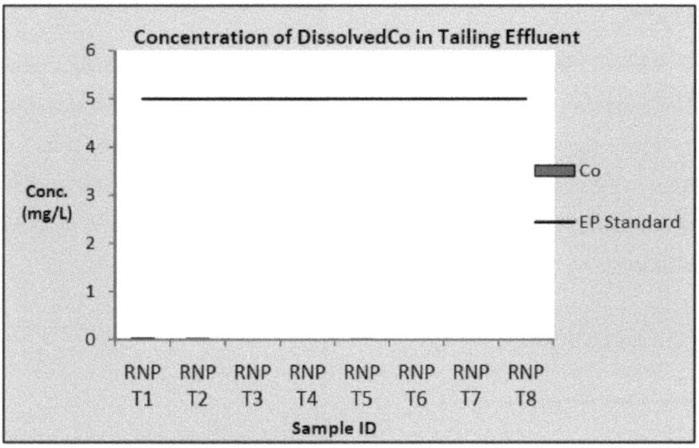

Figura 7. Concentração de Co. dissolvido

Cobre (Cu)

O uso do cobre em herbicidas para matar algas, fungos e moluscos demonstra que ele é altamente tóxico para os organismos aquáticos. De fato, o cobre é um dos metais mais tóxicos para os organismos e ecossistemas aquáticos (Solomon, 2009). O cobre também é um elemento traço necessário para o funcionamento adequado de muitas enzimas em sistemas biológicos. São conhecidas pelo menos 21 enzimas que contêm cobre, todas funcionando como catalisadores redox (por exemplo, citocromo oxidase, monoamina oxidase) ou transportadores de dioxigênio (por exemplo, hemocianina) (Weser *et al.* 1979). O excesso de concentrações de cobre, por outro lado, retarda os processos vitais dos organismos ao inativar enzimas e precipitar proteínas citoplasmáticas em proteinatos metálicos (Long, 2006).

Na instalação RNML DSTP, o rejeito é descarregado 150 m abaixo do nível do mar. A concentração de Cu dissolvido total no estudo atual produziu uma média de 0,007 mg/L com uma faixa de 0,002 a 0,026 mg/L, todos abaixo do padrão EP (5 mg/L) e do PNGWQG (0,03 mg/L). Na água de rejeito, o cobre pode existir em todos os quatro diferentes estados de oxidação ou espécies: cobre elementar Cu (0) (metal sólido), Cu (I) íon cuproso, Cu (II) íon cúprico e, raramente, Cu (III). A forma mais predominante de Cu na água é o Cu (II) (ou Cu^{2+}) Georgopoulos *et al.* 2001). Na água do mar, o Cu é adsorvido a moléculas dissolvidas ou a material particulado (Muller, 1996); neste estudo, o Cu provavelmente foi adsorvido a material particulado de rejeitos, que é a principal rota do Cu no rastro de sedimentos do local de impacto no fundo do mar.

No fundo do mar, a disponibilidade de oxigênio determina se o cobre é reciclado de volta para a coluna de água ou se é removido por precipitação. Widerlund (1996) sugere que, sob condições óxicas em sedimentos de banhados, o cobre é reciclado para a coluna de água, enquanto em condições anóxicas o cobre é removido. Os resultados de outros estudos também mostraram que, durante a diagênese inicial, a decomposição aeróbica controla a liberação de cobre de volta à coluna de água (Gerringa, 1990; Skrabal *et al.*, 2000). Assim, fica claro que o oxigênio desempenha um papel fundamental na liberação do cobre para a coluna de água e, posteriormente, para a cadeia alimentar.

No entanto, neste estudo, o total de Cu dissolvido quantificado no rejeito é descarregado na zona anóxica do mar, o que significa que a maior parte do Cu será removida pelo processo de diagênese. Esse processo, combinado com o baixo nível de Cu total dissolvido no rejeito, implica que o Cu do rejeito não possui nenhuma ameaça ecológica em potencial para o ambiente receptor; nos níveis atuais, o Cu pode sustentar a vida aquática como um metal biologicamente essencial (Laws, 2000) de organismos em vários níveis trópicos, inclusive humanos, pois as concentrações estão abaixo dos padrões PNGWQG e EP.

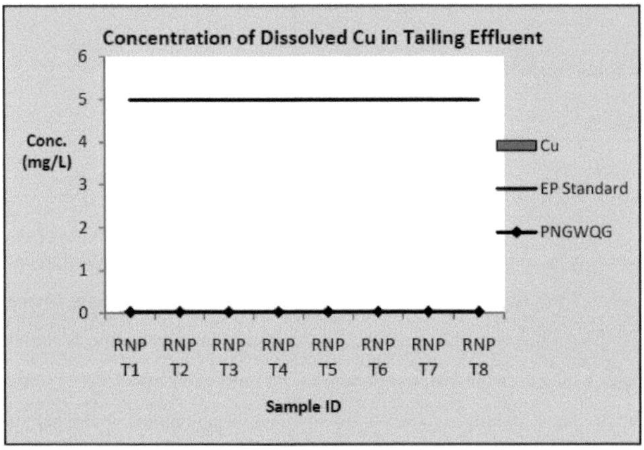

Figura 8. Concentração de Cu dissolvido.

Zinco (Zn)

O Zn é um metal pesado essencial para o crescimento e o ciclo de vida dos organismos, mas é tóxico em altas concentrações (Khaled, 2004). O Zn é um elemento essencial para muitos organismos marinhos e, como tal, é facilmente bioacumulado. Várias espécies de crustáceos são capazes de regular a absorção de Zn, mas, em concentrações mais altas, esse processo parece ser interrompido, levando a um influxo de zinco (Hunt & Hedgecott, 1992). Os efeitos potenciais incluem: acúmulo em sedimentos e pode representar um risco para os organismos que vivem nos sedimentos em concentrações e bioacumulação em organismos marinhos, representando uma ameaça potencial à fauna aquática (Grimwood & Dixon, 1997).

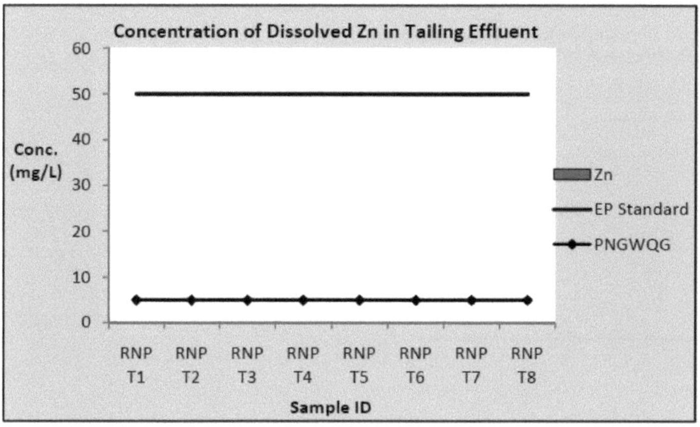

Figura 9. Concentração de Zn dissolvido.

Manganês (Mn)

O manganês é um nutriente essencial para microrganismos, plantas e animais (Underwood, 1977; Woolhouse, 1983). Foi demonstrado que a deficiência de manganês limita a taxa de crescimento do fitoplâncton marinho, principalmente quando a água do mar profundo, empobrecida em manganês, é levada à superfície (Huntsman & Sunda, 1980). Os resultados do estudo atual indicaram que o Mn dissolvido no rejeito registrou quantidades (intervalo: 0,063 -11,4 mg/L) muito abaixo do valor padrão do PE de≤ 500 mg/L, o que demonstra que a RNML mantém a conformidade com suas obrigações regulatórias. Para a qualidade geral da ecologia marinha receptora, os padrões PNGWQG para Mn foram usados para avaliar sua quantidade no rejeito. Os resultados indicaram que as amostras RNP T1, RNP T2, RNP T4 e RNP T5 com concentrações de 4,28 mg/L, 4,66 mg/L, 4,22 mg/L e 11,4 mg/L, respectivamente, excedem o valor PNGWQG de 2 mg/L.

No entanto, em quantidades excessivas, o Mn é apenas leve a moderadamente tóxico para os organismos aquáticos. Ele está presente em quase todos os organismos e, com frequência, melhora o risco representado por outros metais (Baden *et al.,* 1999). É de pouca importância toxicológica direta, mas pode controlar a concentração de outros elementos, inclusive metais pesados tóxicos, nas águas superficiais.

No entanto, as concentrações de Mn no ambiente podem estar bem acima dos níveis de toxicidade aquática em efluentes provenientes de minas de metais básicos e preciosos, esgoto municipal, lodo e aterros sanitários (Hall *et al.,* 1996). Ao avaliar o conteúdo de Mn dissolvido do rejeito descarregado na Baía de Basamuk, fica claro que a quantidade é ligeiramente flutuante, mas em níveis mais baixos que podem suportar a assimilação na função biológica dos níveis tróficos marinhos, o que implica que os níveis de Mn no rejeito são mais baixos e não representam nenhuma ameaça ecológica ao meio ambiente.

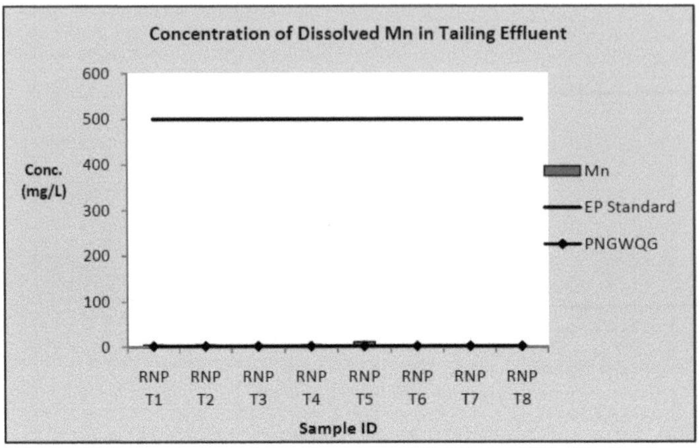

Figura 10. Concentração de Mn dissolvido.

Arsênico (As)

Cada vez mais evidências sugerem que o arsênio é um micronutriente essencial para os animais, inclusive para os seres humanos (Uthus, 1992). Os animais marinhos têm apenas uma capacidade limitada de bioacumular arsênio inorgânico da solução. As plantas marinhas acumulam arseniato (íon arsênico inorgânico) da água do mar e o convertem em arseno-sugares que podem ser bioacumulados dos alimentos pelos animais marinhos (Neff, 1997). Quase todo o arsênio nos tecidos dos animais marinhos está na forma de arsenobetaína não tóxica. A arsenobetaína e outros compostos organoarsênicos são excretados rapidamente pelos mamíferos e não são tóxicos para os consumidores humanos de produtos da pesca. Como o arsênio em alimentos marinhos não está presente como arsenito inorgânico, nem é prontamente convertido em arsenito inorgânico nas cadeias alimentares marinhas, ele não pode ser considerado uma toxina ou carcinógeno humano quando ingerido por essa via (Fishbein, 1984). No entanto, os organismos marinhos que vivem em águas costeiras e estuários altamente contaminados com arsênico inorgânico podem acumular arsênico inorgânico em altas concentrações em alguns tecidos, principalmente nas brânquias e na glândula digestiva/fígado, que normalmente não são consumidos por seres humanos. Algumas espécies de algas marinhas contêm altas concentrações de arsênio inorgânico. Elas podem ser tóxicas para os seres humanos se consumidas em grandes quantidades.

No estudo atual, todas as concentrações de As estão abaixo da concentração padrão do PE de 0,4 mg/L. Entretanto, algumas concentrações tendem a estar ligeiramente acima do PNGWQG para proteção da vida aquática na água do mar. O As dissolvido nas amostras RNP T2 ((0,063 mg/L), RNP T3 (0,091 mg/L) e RNP T6 (0,052 mg/L) excedeu o valor do critério PNGWQG de 0,05 mg/L. Em uma observação mais genérica, a quantidade média de As para o estudo é de 0,05 mg/L, que é igual ao padrão PNGWQG.

Com base nessas tendências de resultados, entende-se que o valor flutuante da concentração de As não pode desencadear um impacto no ecossistema marinho, pois os valores estão ligeiramente acima ou abaixo do padrão PNGWQG, enquanto todos estão bem abaixo da concentração EP. Dessa forma, é assertivo afirmar que as concentrações de As no rejeito vinculado ao DSTP no local de estudo estão em conformidade com o EP, enquanto seu impacto no meio ambiente é considerado mínimo ou nulo, pois as concentrações estão ligeiramente abaixo e acima do padrão PNGWQG. Portanto, os riscos de contaminação por As no momento são considerados mínimos.

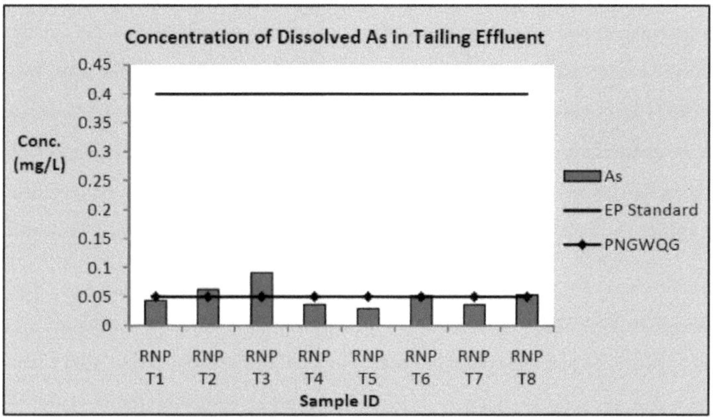

Figura 11. Concentração de As dissolvido.

Capítulo 5

RESUMO e CONCLUSÃO

5.1. Resumo

Os resíduos de mineração descartados utilizando o DSTP têm basicamente duas áreas principais de preocupação ambiental: (1) qualidade do rejeito descartado e (2) efeitos ambientais no ecossistema marinho envolvido. Essas duas áreas continuam sendo o foco das atividades de monitoramento ambiental. No entanto, a qualidade do rejeito é considerada como o aspecto ambiental que causa os efeitos ambientais, portanto, mais atividades de monitoramento dos efeitos estão associadas aos efeitos no ecossistema marinho. Embora essa tendência seja bem-sucedida, o monitoramento da qualidade do rejeito também oferece um caminho barato para monitorar os efeitos ambientais com base nas propriedades físicas e químicas do rejeito e seu potencial de causar contaminação em termos de mobilidade do rejeito na coluna d'água e toxicidade dos elementos químicos presentes no rejeito.

Neste estudo, a qualidade do rejeito da instalação Basamuk DSTP operada pela RNML foi avaliada para determinar os possíveis riscos do rejeito no ambiente marinho local. Os metais pesados são tóxicos para a biota em concentrações mínimas, portanto, seu monitoramento é de suma importância nos setores extrativistas. No estudo atual, todos os analitos de metais estavam abaixo dos padrões regulatórios relevantes, o que implica que os riscos ecológicos imediatos ou de curto prazo da poluição por metais no ecossistema marinho impactado são insignificantes. Os resultados do estudo sobre parâmetros físicos também estão dentro da faixa ideal definida para a proteção ambiental, o que mostra que os parâmetros físicos e químicos do efluente de rejeitos estão em conformidade com os padrões regulatórios e nacionais, o EP e o PNGWQG.

5.2. Conclusão

A acidez ou o pH da água do rejeito está dentro da faixa categórica característica da água do mar natural, o que implica que as condições físicas e químicas influenciadas pelo pH que adicionam risco de contaminação são insignificantes no local em estudo.

O DFV está na faixa desejada para suportar uma densidade submarina que pode permitir que os materiais de rejeitos afundem efetivamente no fundo do mar e se estabeleçam no fundo do mar com dispersão mínima na saída do oleoduto. O DFV desejável pode permitir o mínimo de cisalhamento da pluma no ponto de descarga porque ela viaja dentro da velocidade prescrita, onde as condições hidrodinâmicas naturais suportarão uma corrente de densidade. Assim, as chances de um cisalhamento quantificável da pluma permanecem improváveis, pois podem ocorrer sob velocidades flutuantes abaixo de 800 m3/h ou acima de 2.500 m3/h. O intervalo do estudo está dentro desse intervalo especificado, de modo que as possibilidades de cisalhamento da pluma e subsequente afloramento na zona eufótica são significativamente mínimas.

O estudo prova que todos os metais pesados tóxicos não essenciais estavam bem abaixo dos padrões comparativos. Suas concentrações de metais dissolvidos estavam abaixo de seus respectivos LORs, indicando que esses grupos de metais, que ocupam o centro dos temores de contaminação, estavam presentes no rejeito em quantidades indetectáveis.

Os metais pesados essenciais foram quantificados no estudo; basicamente todas as suas concentrações estavam abaixo dos padrões PNGWQG e EP. Eles estão presentes em quantidades menores, o que pode permitir a assimilação natural nos organismos aquáticos, pois esses metais são necessários para várias funções biológicas na fisiologia da flora e da fauna.

Em geral, pode-se concluir que os parâmetros físicos e químicos do rejeito da RNML mantiveram a conformidade e estamos convencidos de que ele não representa nenhuma ameaça imediata de contaminação para a ecologia marinha afetada. As propriedades físicas indicaram que o rejeito não pode ser levado para a zona eufótica, enquanto a química do rejeito mostra claramente que nenhum metal tóxico está presente em quantidades significativas de preocupação ecológica.

REFERÊNCIAS

1. Angel, B. M. *et al.,* (2013). Traços de metais associados à colocação de rejeitos em alto-mar na mina de cobre e ouro de Batu Hijau, Sumbawa, Indonésia. *Marine Pollution. Bulletin.* 73, 306-313.

2. Baden S.P., Eriksson S.P., Gerhardt L., (1999). Acumulação e cinética de eliminação de manganês de diferentes tecidos do lagostim *Nephrops norvegicus* (L.). *Aquatic Toxicology,* 46(2); 127-137.

3. Baralkiewicz D., Siepak J., (1999). Cromo, níquel e cobalto em amostras ambientais e normas legais existentes. *Polish Journal of Environmental Studies,* **8** (4); p. 201.

4. Barakat A., M. El Baghdadi, J. Rais e S. Nadem, (2012).Assessment of Heavy Metal in Surface Sediments of Day River at Beni-Mellal Region, Morocco. *Research Journal of Environmental and Earth Sciences,* 4(8); 797-806.

5. Barnes, D. J. & Lough, J. M., (1999). Características de crescimento de *Porites* em um ambiente alterado: Misima Island, Papua Nova Guiné. *Coral Reefs* 18, 213-218.

6. Bowen, H. J. M., (1966). Trace elements in biochemistry (Oligoelementos em bioquímica). *Academic Press,* Londres.

7. Brewer, D. T. *et al.* (2007). Impacts of gold mine waste disposal on a tropical pelagic ecosystem (Impactos do descarte de resíduos de minas de ouro em um ecossistema pelágico tropical). *Mar. Poll. Bull.* 64, 2790-2806.

8. Brewer, D. T., Milton D. A., Fry G. C., Dennis D.M., Heales D. S. e Venables W. N., (2007). Impacts of gold mine waste disposal on deepwater fish in a pristine tropical marine system (Impactos do descarte de resíduos de minas de ouro em peixes de águas profundas em um sistema marinho tropical intocado). *Mar. Poll. Bull.* 54, 309-321.

9. Buccolieri A., Buccolieri G., Cardellicchio N., Dell'Atti A., Di Leo A.eMaci A., (2006). Heavy metals in marine sediments of Taranto Gulf (Ionian Sea, Southern Italy).*Marine Chemistry,* 99; 227-235.

10.Burd, B.J. (2002). Evaluation of mine tailings effects on a benthic marine infaunal community over 29 years (Avaliação dos efeitos dos rejeitos de minas em uma comunidade infaunal marinha bentônica ao longo de 29 anos). *Mar. Environ. Res.* 53, 481-519.

11.Burnskill G. J., (2001). Em Mineral Policy Institute. A Review of the Risks Presented by the Ramu Nickel Project to the Ecology of Astrolabe Bay, 48-59.

12.Canice V. N., Scott W. F., Jean-Louis T., (1992). Cobalt Speciation and Bioavailability in Marine Organisms (Especiação e biodisponibilidade de cobalto em organismos marinhos). *Marine Ecology Progress Series,* 88, 105116.

13.Carr, R.S.; Nipper, M.; Plumlee, G.S., (2003). Survey of marine contamination from mining related activities on Marinduque Island, Philippines: Toxicidade e química da água de poros.. *Ecosyst. HealthManag.* 6, 369-379.

14.Cempel M. e Nikel G., (2006). Nickel: A Review of Its Sources and Environmental Toxicology (Revisão de suas fontes e toxicologia ambiental). *Polish Journal of Environmental Studies,* 15 (3); 375382.

15.Chakravarty M. & Patgiri A. D., (2009).Metal Pollution Assessment in Sediments of theDikrong River, N.E. India. *Journal of Human Ecology,* 27 (1): 63-67.

16.De Leo, F. C., Smith, C. R., Rowden, A. A., Bowden, D. A. & Clark, M. R., (2010). Submarine canyons: hotspots of benthic biomass and productivity in the deep sea (Cânions submarinos: pontos críticos de biomassa bentônica e produtividade no mar profundo). *Proc. R. Soc. Lond. (B)* 277, 2783-2792.

17.Demirbas A., Pehlivan E., Gode F., Altun T. e Arslan G., (2005). Adsorção de Cu (II), Zn (II), Ni (II), Pb (II) e Cd (II) de solução aquosa na resina sintética Amberlite IR-120. *Journal of Colloid and Interface Science,* 282: 20-25.

18.Dold B., (2014). Descarte de rejeitos submarinos (STD) - uma prévia. *Minerals.* 4; 642-666.

19.Edinger, E. N., Azmy, K., Diegor, W. & Raja Siregar, P., (2008). Heavy metal contamination from gold mining recorded in *Porites lobata* skeletons, Buyat- Ratotokok district, North Sulawesi, Indonesia. *Mar. Poll. Bull.* 56, 1553-1569.

20.Elberling, B.; Knudsen, K.L.; Kristensen, P.H.; Asmund, G., (2003). Applying foraminiferal stratigraphy as a biomarker for heavy metal contamination and mining impact in a fiord in West Greenland. *Mar. Environ. Res.* 55, 235-256.

21.Elliot, M., Hemingway, K., (2002). Fishes in estuaries (Peixes em estuários). Blackwell Science: Londres, Reino Unido. p. 636.

22.Fishbein, L., (1984). Overview of analysis of carcinogenic and/or mutagenic metals in biological and environmental samples (Visão geral da análise de metais carcinogênicos e/ou mutagênicos em amostras biológicas e ambientais). I. Arsênico, berílio, cádmio, cromo e selênio. *J. Environ. Anal. Chem.* 17, 113-170.

23.Forstner U. e G.T.W. Wittman, (1983).Metal Pollution in the Aquatic Environment.Berllin: Springer-Verlag.

24.Georgopoulos P.G., Roy A., Yonone-Lioy M. J., Opiekun R.E., Lioy P.J., (2001). Copper: environmental dynamics and human exposure issues (Cobre: dinâmica ambiental e questões de exposição humana). *J Toxicol Environ Health, PartB* 4; 341-394.

25.Gerringa L.J.A., (1990). Aerobic degradation of organic matter and the mobility of Cu, Cd, Ni, Pb, Zn, Fe and Mn in the marine sediment slurries (Degradação aeróbica de matéria orgânica e a mobilidade de Cu, Cd, Ni, Pb, Zn, Fe e Mn em lamas de sedimentos marinhos). *Mar Chem,* 29; 355-374

26.Golder Associates, (1996). Assessment of Metal Mine Submarine Tailings Discharge to Marine Environments (Avaliação da descarga de rejeitos submarinos de minas de metal em ambientes marinhos). p. 110.

27.Grimwood, M. e Dixon, E., (1997). Assessment of risks posed by List II metals to 'Sensitive Marine Areas' (SMAs) and adequacy of existing environmental quality standards (EQSs) for SMA protection. Relatório WRc CO 4278.

28.Hall I.R., Hydes D.J., Statham P.J., Overnell J., (1996) Dissolved and particulate trace metals in a Scottish sea loch: an example of a pristine environment. *Marine Pollution Bulletin,* 32; 846-854.

29.Highlands Pacific, (2009). Ramu Nickel & Cobalt Project (Projeto Ramu Níquel e Cobalto). pp. 1-12. Retirado de www.highlandspacific.com

30.Hoda H. H. e Azza Khaled, (2009).Heavy Metals Contamination in Sediments of the Western Part of EgyptianMediterranean Sea. *Australian Journal of Basic and Applied Sciences,* 3(4): .3330-3336.

31.Hughes D. J., Shimmield T. M., Black K. D. e Howe A. J., (2015). Ecological impacts of large-scale disposal of mining waste in the deep sea (Impactos ecológicos do descarte em larga escala de resíduos de mineração no mar profundo). *Scientific Reports,* pp.1-11. Retirado de; www. nature. com/scientificreports

32.Hunt S. e Hedgecott S., (1992). Revised Environmental Quality Standards for zinc in water (Padrões de qualidade ambiental revisados para zinco na água), relatório da WRc para o Department of the Environment DoE 2686/1.

33.Huntsman S.A., Sunda W.G., (1980). The role of trace metals in regulating phytoplankton (O papel dos metais traços na regulação do fitoplâncton). In: Morris I, ed. *The physiological ecology of phytoplankton (A ecologia fisiológica do fitoplâncton).* Berkeley, CA, Universidade da Califórnia, 285-328.

34.Johnston, E. L. & Roberts, D. A., (2009). Contaminants reduce the richness and evenness of marine communities: a review and meta analysis (Contaminantes reduzem a riqueza e a uniformidade das comunidades marinhas: uma revisão e meta-análise). *Env. Poll.* 157, 1745-1752.

35.Josefson, A.B.; Hansen, J.L.S.; Asmund, G.; Johansen, P., (2008). Threshold response of benthic macrofauna integrity to metal contamination in West Greenland (Resposta de limiar da integridade da macrofauna bentônica à contaminação por metais no oeste da Groenlândia). *Mar. Pollut. Bull.* 56, 1265-1274.

36.Khaled A., (2004). Heavy Metal Concentration in Certain Tissues of Five Commercially Important Fishes from El-Mex Bay, Alexandria, Egypt (Concentração de metais pesados em determinados tecidos de cinco peixes comercialmente importantes da Baía de El-Mex, Alexandria, Egito). *Egyptian Journal of Aquatic Biology and Fisheries,* 8; 51.

37.Kline, E.R. & Stekoll, M.S., (2001). Colonization of mine tailings by marine invertebrates (Colonização de rejeitos de minas por invertebrados marinhos). *Mar. Environ. Res.* 51; 301-325.

38.Konta A., (2008). Contaminação por metais traços (Cu, Mn, Ni, Zn, Fe) em sedimentos marinhos e amostras de zooplânctons da Baía de Izmir. (Mar Egeu, Turquia). *Water Air Soil Pollution,* 188; 323-333.

39.Koski, R.A., (2012). Dispersão de metais resultante de atividades de mineração em ambientes costeiros: A pathways approach (Uma abordagem de caminhos). *Oceanograph,* 25; 170-183.

40.Lambors, J. L., (1994). Mineralogy of sulfide-rich tailings and their oxidation *productsMineralAssociation,* 22: 59-102.

41.Laws, E.A., (2000). Aquatic Pollution: An Introductory Text, 3rd ed. (John Wiley & Sons, Inc. New York), pp. 369-425.

42.Lehninger, A. E., (1976). Biochemistry, 2nd edn. Worth Publishers, Nova York.

43.Levin, L. A. & Sibuet, M., (2012). Understanding continental margin biodiversity: a new imperative (Entendendo a biodiversidade da margem continental: um novo imperativo). *Ann. Rev. Mar. Sci.* 4; 79-112.

44.Long K.W.J., (2006). Copper: marine fate and effects assessment (Cobre: avaliação do destino e dos efeitos marinhos). CSI Europe. Pentlands Science Park, projeto número 06741. Penicuik, Midlothian EH26 0PZ, Reino Unido.

45.Luick, J., (2001). Em Mineral Policy Institute. A Review of the Risks Presented by the Ramu Nickel Project to the Ecology of Astrolabe Bay. p. 40-42.

46.McKinnon E., (2002). The environmental effects of mining waste disposal at Lihir Gold Mine, Papua Nova Guiné. *Journal of Rural and Remote Environmental Health,* 1 (2); 40-50.

47.Moore, J. N e Luoma, S. N., (1990): Hazardous wastes from large scale metal extraction: A case study. *Journal of Environment, Science & Technology,* 24; 1279-1285.

48.Muller F.L.L., (1996). Interactions of copper, lead and cadmium with the dissolved, colloidal and particulate components of estuarine and coastal waters (Interações de cobre, chumbo e cádmio com componentes dissolvidos, coloidais e particulados de águas estuarinas e costeiras). *Mar Chem* 52; 245-268.

49.Neff J. M., (1997). Ecotoxicology of Arsenic in the Marine Environment - Review (Ecotoxicologia do arsênico no ambiente marinho - revisão). *Environmental Toxicology and Chemistry,* 917-927.

50.Nema John K. e Banda John K., (2010). Concentration of Selected Metals in Sediment Load of Angabanga River Associated with Tolokuma Gold Mine (Concentração de metais selecionados na carga de sedimentos do rio Angabanga associada à mina de ouro de Tolokuma). *Journal of Institute of Chemists, PNG,* 3 (1); 20-30.

51.NSR Consultants, (1999). Ramu Nickel Project, Environmental Plan (Projeto Ramu Níquel, Plano Ambiental). Preparado pela NSR Environmental Consultants Pty Ltd, Victoria, Austrália. Obtido em http: // www. mpi .org. au/rr/ docs/ramureview. pdf

52.Pearce F., (2000).Tails of Woe.Minerals Policy Institute. Recuperado de www.nlc.net.au/~mpi/std/std newscientist.html.

53.Reichelt-Bruschett A., (2012). Risk assessment and ecotoxicology: limitations and recommendations for ocean disposal of mine waste in the coral triangle (Avaliação de risco e ecotoxicologia: limitações e recomendações para o descarte oceânico de resíduos de minas no triângulo de corais). *Oceanografia,* 25; 40-51.

54.Rusdinar Y., Edraki, M., Baumgartl, T., Mulligan, D., Miller, S., (2013). Long term performance of hydro geochemical riverine mine tailings deposition at Freeport Indonesia (Desempenho de longo prazo da deposição hidrogeoquímica de rejeitos de minas fluviais na Freeport Indonésia). *Mine Water Environ.* 32, 56-70.

55.Ross W. Charles, (sem data).Staged Development and Environmental Management of the Pogera Gold Mine, Papa New Guinea. Conferência do Estudo de Linha de Base do Estreito de Torres. pp. 119-132.

56.Sahu S. e Basantray S. K., (2014). Geochemistry of Tailings at Malanjkhand Copper Mine, Madhya Pradesh (Geoquímica de rejeitos na mina de cobre de Malanjkhand, Madhya Pradesh). Tese de bacharelado em tecnologia em engenharia de minas. Instituto Nacional de Tecnologia - Rourkela.

57.Schreiber, E.A. e Burger, J. (Eds), (2002). Biology of marine birds (Biologia de aves marinhas). Boca Raton, Flórida: CRC Press. p. 722.

58.Serafim A., Company R., Lopes B., Rosa J., Cavaco A., Castela G., Castela E., Olea N. e Bebianno M. J., (2012). Avaliação de metais essenciais e não essenciais e diferentes biomarcadores de exposição a metais na placenta humana em uma população do sul de Portugal. *Journal of Toxicology, Environment and Health A.* 75 (13-15); 867-877.

59.Shearman P., (2001). STD from the Perspective of Oceanography.Conferência Internacional sobre Descarte de Rejeitos Submarinos. Recuperado de .www.jatam.org/std/Indonesia/makalah/phil.html

60.Shearman, P., Luick, J. L., Brunskill, G. J. & Sheaves, M., (2011). A review of risks presented by the Ramu Nickel Project to the ecology of Astrolabe Bay in Papua New Guinea. Um documento de pesquisa encomendado pela Igreja Evangélica Luterana de Papua Nova Guiné. Instituto de Política Mineral.

61.Sheaves M., (2001), no Mineral Policy Institute. A Review of the Risks Presented by the Ramu Nickel Project to the Ecology of Astrolabe Bay. p. 75. Recuperado de http://www.mpi.org.au/rr/docs/ramureview.pdf

62.Shimmield T., (2013). Mineração na Austrália. Uma alternativa: Deep-sea tailings placement (Colocação de rejeitos em águas profundas). Recuperado de. https://australianmining.com.au/features/an- alternative-deep-sea-tailings-placement/

63.SibiyaWasa N. e Banda John K, (2010).Features of Acid Rock Drainage and Metal Concentrations of Sediments and Surface Waters from the Ok Tedi River, Papua Nova Guiné. *Journal of Institute of Chemists, PNG,* 3 (1); 71-80.

64.Skrabal S.A., Donat J.R., Burdige D.J., (2000). Pore water distribution of dissolved copper and copper complexing ligands in estuarine and coastal marine sediments (Distribuição de cobre dissolvido e ligantes complexantes de cobre em sedimentos marinhos costeiros e estuarinos). *Geochim Cosmochim Acta,* 64(11); 1843-1857.

65.Smith, E. Lester, (1962). Cobalt (Cobalto). In: Comar, C. L., Bronner, F. (eds.) Mineral metabolism, Vol. 2, *The elements, Part B. Academic Press,* New York, pp.349369.

66.Soares H.M.V.M., R.A.R. Boaventura, A.A.S.C. Machado e J.C.G. Esteves da Silva, (1999). Sedimentos como monitores de contaminação por metais pesados na bacia do rio Ave (Portugal): análise multivariada de *dados. Environmental Pollution,* 105; 311323.

67.Solomon F. (2009). Impacts of Copper on Aquatic Ecosystems and Human Health (Impactos do cobre nos ecossistemas aquáticos e na saúde humana). Environment & Communities. pp 25-28. Recuperado de;

http://www.ushydrotech.com/files/6714/1409/9604/Impacts do cobre nos na ecossistemas aquáticos e saúde humana.pdf

68.Temara, A.; Skei, J.M.; Gillan, D.; Warnau, M.; Jangoux, M.; Dubois, Ph. (1998). Validation of the asteroid Asterias rubens (Echinodermata) as a bioindicator of spatial and temporal trends of Pb, Cd, and Zn contamination in the field. *Mar. Environ. Res.* 45 (4-5); 341-356

69.Underwood EJ (1977). Trace elements in human and animal nutrition (Oligoelementos na nutrição humana e animal). Nova York, NY, Academic Press.

70.USGS, (2014). Copper Statistics and Information, Mineral Commodity Summaries, United States Geological Survey.

71.Uthus, E.O. (1992). Evidence for arsenic essentiality (Evidências da essencialidade do arsênico). *Environ. Geochem. Health,* 14; 55-58.

72. Vogt, C. (2012).International Assessment of Marine and Riverine Disposal of Mine Tailings (Avaliação internacional do descarte marinho e fluvial de rejeitos de mineração). Em Proceedings of the 34th Meeting of the London Convention and the 7th Meeting of the London Protocol, Londres, Reino Unido.

73. Von Burg R., (1997). Toxicology update. *Journal of Applied Toxicology,* 17, 425.

74. Vrhovnik P, Rogan N. S, Dolenec T, Serafimovski T, Tasev G &Dolenec M., (2011). Geochemical investigation of Sasa tailings dam material and its influence on the Lake Kalimanci surficial sediments (Republic of Macedonia) - preliminary study..*International Journal ofGeology,* 54 (2); 169 - 176.

75. Weser U, Schubotz LM, Younes M (1979). Chemistry of copper proteins and enzymes (Química das proteínas e enzimas de cobre). Nriagu JO (ed) Copper in the environment. Part. II: health effects. Wiley, Toronto, ON, pp 197-240.

76. Widerlund A., (1996). Early diagenetic remobilization of copper in near-shore marine sediments: a quantitative pore-water model. *Mar Chem* 54; 41-53.

77. Woolhouse HW (1983) Toxicity and tolerance in the responses of plants to metals. Em: Lange OC, Nobel PS, Osmond CB, Ziegler H, eds. *Encyclopedia of plant physiology II (Enciclopédia de fisiologia vegetal II). Vol. 12B.* Nova York, NY, Springer-Verlag, pp. 245-300.

APÊNDICE

Apêndice 1

Resultados da análise de metais pesados da Australia Laboratory Services.

Analytical Results

Sub-Matrix: WATER (Matrix: WATER)			Client sample ID	RNP-T-1	RNP-T-2	RNP-T-3	RNP-T-4	RNP-T-5
			Client sampling date / time	21-NOV-2013 15:00	22-NOV-2013 15:00	23-NOV-2013 15:00	24-NOV-2013 15:00	25-NOV-2013 15:00
Compound	CAS Number	LOR	Unit	EB1330938-001	EB1330938-002	EB1330938-003	EB1330938-004	EB1330938-005
EG020F: Dissolved Metals by ICP-MS								
Arsenic	7440-38-2	0.001	mg/L	0.048	0.060	0.091	0.038	0.129
Cadmium	7440-43-9	0.0001	mg/L	<0.0001	<0.0001	<0.0001	<0.0001	<0.0001
Cobalt	7440-48-4	0.001	mg/L	0.028	0.022	0.004	0.007	0.009
Copper	7440-50-8	0.001	mg/L	0.019	0.028	0.002	0.002	0.002
Lead	7439-92-1	0.001	mg/L	<0.001	<0.001	<0.001	<0.001	<0.001
Manganese	7439-96-5	0.001	mg/L	4.21	4.66	0.802	4.22	11.4
Nickel	7440-02-0	0.001	mg/L	0.261	0.280	0.039	0.063	0.088
Selenium	7782-49-2	0.01	mg/L	<0.01	<0.01	<0.01	<0.01	<0.01
Silver	7440-22-4	0.001	mg/L	<0.001	<0.001	<0.001	<0.001	<0.001
Zinc	7440-66-6	0.005	mg/L	0.026	0.018	0.010	0.009	0.012
EG035F: Dissolved Mercury by FIMS								
Mercury	7439-97-6	0.0001	mg/L	<0.0001	<0.0001	<0.0001	<0.0001	<0.0001
EG050G: Hexavalent Chromium by Discrete Analyser								
Hexavalent Chromium	18540-29-9	0.01	mg/L	<0.01	<0.01	<0.01	<0.01	—

Analytical Results

Sub-Matrix: WATER (Matrix: WATER)			Client sample ID	RNP-T-6	RNP-T-7	RNP-T-8	—	—
			Client sampling date / time	26-NOV-2013 15:00	27-NOV-2013 15:00	28-NOV-2013 15:00	—	—
Compound	CAS Number	LOR	Unit	EB1330938-006	EB1330938-007	EB1330938-008	—	—
EG020F: Dissolved Metals by ICP-MS								
Arsenic	7440-38-2	0.001	mg/L	0.062	0.088	0.053	—	—
Cadmium	7440-43-9	0.0001	mg/L	<0.0001	<0.0001	<0.0001	—	—
Cobalt	7440-48-4	0.001	mg/L	<0.001	<0.001	0.001	—	—
Copper	7440-50-8	0.001	mg/L	0.002	0.002	0.002	—	—
Lead	7439-92-1	0.001	mg/L	<0.001	<0.001	<0.001	—	—
Manganese	7439-96-5	0.001	mg/L	0.416	0.083	0.168	—	—
Nickel	7440-02-0	0.001	mg/L	0.014	0.007	0.018	—	—
Selenium	7782-49-2	0.01	mg/L	<0.01	<0.01	<0.01	—	—
Silver	7440-22-4	0.001	mg/L	<0.001	<0.001	<0.001	—	—
Zinc	7440-66-6	0.005	mg/L	0.008	0.006	0.012	—	—
EG035F: Dissolved Mercury by FIMS								
Mercury	7439-97-6	0.0001	mg/L	<0.0001	<0.0001	<0.0001	—	—

Apêndice 2

Critérios de qualidade de efluentes de rejeitos de mineração para concentração de metais dissolvidos

Parameter	*Criteria*
Arsenic (As)	400µg/L or 0.40mg/L
Cadmium (Cd)	40µg/L or 0.040mg/L
Chromium VI (Cr^{6+})	50µg/L or 0.050mg/L
Cobalt (Co)	5,000µg/L or 5.0mg/L
Copper (Cu)	5,000µg/L or 5.0mg/L
Lead (Pb)	50µg/L or 0.050mg/L
Manganese (Mn)	500,000µg/L or 500mg/L
Mercury (Hg)	48µg/L or 0.048mg/L
Nickel (Ni)	8,000µg/L or 8.0mg/L
Selenium (Se)	80µg/L or 0.080mg/L
Silver (Ag)	50µg/L or 0.050mg/L
Zinc (Zn)	50,000µg/L or 50.0mg/L

Fonte: *Licença Ambiental WD-L3 (115) Condição 43. Os critérios de metais para concentração dissolvida (passando por um meio de miliporo nominal de 0,45 ppm).*

Apêndice 3

Faixa de pH recomendada em unidades de pH

Parameter	Criteria
pH	6.5 – 9.0

Faixa recomendada de velocidade da vazão de descarga em m3/h

$$m^3/h = \text{Discharge Velocity Rate (800-2500)},$$

Fonte: *Licença Ambiental WD -L3 (115) Condição 46.*

Apêndice 4

Critérios de qualidade da água de Papua Nova Guiné para proteção da vida aquática. Os critérios para Metais Pesados neste estudo para a água do mar são circundados por um círculo em branco.

SCHEDULE 1

Act, Sec. 133(2)
Reg., Sec. 2

THE INDEPENDENT STATE OF
PAPUA NEW GUINEA

ENVIRONMENT ACT 2000

WATER QUALITY CRITERIA FOR AQUATIC LIFE PROTECTION

Table 1.

All values are in mg/l unless otherwise specified.

Parameters	Fresh water	Seawater
Ammonia-nitrogen	*Dependent on pH and temperature (see Table 2.)*	
Arsenic	0.05	0.05
Barium	1.0	1.0
Boron	1.0	2.0
Cadmium	0.01	0.001
Chlorine (total residual)	0.005 at pH 6	0.005
Chromium (as hexavalent form)	0.05	0.01
Colour	No alteration to natural colouration *(for both fresh and seawater)*	
Cobalt	Limit of detectability *(for both fresh and seawater)*	
Copper	1.0	0.03
Cyanide (as HCN)	0.005	0.01
Faecal Coliform Bacteria	≤200 per 100 ml (*see Note below.*)	
Fats	None	None
Fluoride	1.5	1.5
Grease	None	None
Insoluble residues	No insoluble residues or sludge formation to occur *(for both fresh and seawater)*	
Iron (in solution)	1.0	1.0
Lead	0.005	0.004
Manganese (in solution)	0.5	2.0
Mercury	0.0002	0.0002
Nickel	1.0	1.0
Nitrate (as NO_3^- + NO_2^-)	45.0	45.0
Odour	No alteration to natural odour *(for both fresh and seawater)*	
Oil	None	None
Oxygen	Not less than 6.0	Not less than 5.0
Pesticides	None	None
pH	No alteration to natural pH *(for both fresh and seawater)*	
Phenols	0.002	0.002
Potassium	5.0	450.0
Radioactivity	None	None
Selenium	[illegible]	0.01
Silver	[illegible]	0.05
Sulfate (as SO_4^{2-})	400.0	-
Sulfide (HS^-)	0.002	0.002
Tars	None	None
Taste	No alteration to natural taste *(for both fresh and seawater)*	
Temperature	No alteration greater than 2°C *(for both fresh and seawater)*	
Tin	0.5	0.5
Toxicants (miscellaneous)	None	None
Turbidity	No alteration greater than 25 N.T.U *(for both fresh and seawater)*	
Zinc	5.0	5.0

Note:
Metal concentrations are for dissolved substances (passing through a nominal 0.45µm medium).
Criteria for Faecal Coliform Bacteria is based on not fewer than five samples taken over not more than a 30 day period, in which the median value of the faecal coliform bacteria content of the waters shall not exceed 200 per 100 ml.
N.T.U. - Nephelometric Turbidity Unit.

Fonte: *Papua New Guinea Enviroment (Water Quality Criteria) Regulation 2002.*

MIX
Papier aus verantwortungsvollen Quellen
Paper from responsible sources
FSC® C105338

Printed by Books on Demand GmbH, Norderstedt / Germany